黑龙江省精品图书出版工程

"十四五"时期国家重点出版物出版专项规划项目

现代土木工程精品系列图书

场地液化特征
及影响因素相关性评价

王维铭　著

哈尔滨工业大学出版社

内 容 简 介

本书通过对汶川地震后液化场地的勘察,得到了大量的实勘数据,对比分析了国内外历次地震液化场地特征,弥补了以往室内试验分析场地液化特征及影响因素等方面的不足,一定程度上推动了岩土地震工程和土动力学的发展。

本书可作为政府相关职能部门的参考书,也可供岩土地震工程方向的科研学者、场地安全性评价工作人员、与岩土地震工程场地液化学习相关的广大师生和地震科普爱好者阅读。

图书在版编目(CIP)数据

场地液化特征及影响因素相关性评价/王维铭著
. —哈尔滨:哈尔滨工业大学出版社,2023.7

(现代土木工程精品系列图书)

ISBN 978 - 7 - 5603 - 9164 - 9

Ⅰ.①场…　Ⅱ.①王…　Ⅲ.①场地液化-研究　Ⅳ.
①TU435

中国国家版本馆 CIP 数据核字(2023)第 159667 号

策划编辑　王桂芝　　刘　威
责任编辑　马毓聪　　马静怡
出版发行　哈尔滨工业大学出版社
社　　址　哈尔滨市南岗区复华四道街 10 号　邮编 150006
传　　真　0451 - 86414749
网　　址　http://hitpress.hit.edu.cn
印　　刷　哈尔滨市颉升高印刷有限公司
开　　本　787 mm×1 092 mm　1/16　印张 11.5　字数 275 千字
版　　次　2023 年 7 月第 1 版　2023 年 7 月第 1 次印刷
书　　号　ISBN 978 - 7 - 5603 - 9164 - 9
定　　价　58.00 元

前　言

　　震害调查是获取工程震害资料和经验最重要的手段,也是工程抗震理论和分析方法发展的基础。工程地震学的发展离不开历次地震考察,特别是破坏性地震震害启示。我国抗震设计技术演化历程中,对河源(1962 年)、邢台(1966 年)、通海(1970 年)、海城(1975 年)、唐山(1976 年)和汶川(2008 年)等大地震深入的震害调查和现场勘测对我国工程抗震技术的发展及抗震规范的形成起到了极大的推动作用。

　　地震液化及震害在以往历次大地震破坏中占有相当的比例,是岩土地震工程学者及工程师密切关注的课题。目前液化研究已经取得了很大进展,但从现有的成果看,离满足客观需求还有很大距离,特别是以实际液化调查数据分析场地液化特征以及从实际资料出发研究影响液化因素等方面,近些年成果尚少,一定程度上阻滞了岩土地震工程和土动力学的发展。本书鉴于以往数据的局限性,以及震害调查工作的需求和现有规范的缺欠,通过对汶川地震实际液化考察过程中遇到的问题的思考,提出了宏观液化指数和宏观液化等级的概念及划分标准,并对比国内外震害资料论证了所提出标准的可行性,为震后液化调查和震害评估提供了一套便于参考的指标,也为液化研究积累可靠全面的基础资料提供了必要的手段。

　　本书收集整理了国内外 48 次大地震的液化资料,建立了场地液化资料数据库,分析了包括土层埋藏条件(埋深、水位)、土性(密实度、粒径)和基本力学指标(标贯击数)等的场地特征,剖析了国内(除港、澳、台外)与我国台湾及其他国家的部分地区场地特征的差别和联系,对土层液化得到了较为全面和客观的认识,修正了传统认识上的一些错误和偏差;系统地整理了我国汶川 Ms 8.0 级大地震液化震害调查资料,根据获取的汶川地震液化调查资料及现场勘探数据,采用本书提出的宏观液化指数和等级的划分标准,深入地剖析了汶川地震液化震害,为全面、深入了解和掌握汶川地震液化特点提供了依据;利用建立的液化数据库,采用液化数据实际相关性与公式推演数据相关性对比方法,对我国规范SPT、CPT 和 V_s 液化判别公式进行了检验,给出了三种液化判别方法的可靠性评价,指出我国规范 CPT 液化判别公式中砂层埋深符号定性的错误以及我国规范 V_s 液化判别公式中砂层埋深对液化判别贡献过小的问题;收集整理了 2011 年 2 月 22 日新西兰 Christchurch 地震中的液化数据,分析了液化场地的特征,并利用相关性理论研究了砂层埋深和水位、标贯击数和地震强度等特征参数与液化的相关性,得到了对新西兰 Christchurch

地震液化较为全面和客观的认识,同时分析了新西兰 Christchurch 地震与国内外其他地震场地特征与液化相关性的差异和联系。

本书得到了黑龙江省自然科学基金项目"适用于中、低烈度区的液化风险评估方法研究——以哈尔滨地区为例"(LH2022D020)资助。

本书的完成得到了本人博士导师袁晓铭研究员的大力帮助和指导,在数据收集和整理过程中得到了陈龙伟师兄的帮助,在此感谢完成本书过程中帮助我的人。

由于作者水平有限,书中难免有疏漏之处,请广大读者批评指正。

作者
2023 年 2 月

目　　录

第1章 绪 论

1.1 引 言

地震是威胁人类和社会可持续发展的最严重的自然灾害之一,对人类造成了巨大的经济损失和财产损失及人员伤亡。表1.1列出了全球范围内历史上几次大地震造成的伤亡人数。人类在与自然灾害做斗争的同时不断积累经验,将其转化为知识和力量,以建立有效的震害防御体系。

表 1.1　全球范围内历史上几次大地震造成的伤亡人数

地震名称	时间	震级	伤亡人数
旧金山地震,美国	1906.4.18	Ms 7.8	2 500～3 000 死(地震火灾)
甘肃地震,中国	1920.12.16	Ms 8.5	180 000 死
关东大地震,日本	1923.12.1	Ms 8.2	143 000 死
智利地震,智利	1960.5.21	Mw 9.5	2 000～3 000 死(海啸)
秘鲁地震,秘鲁	1970.5.31	Ms 7.8	30 000 死
圣费尔南多地震,美国	1971.2.9	Ms 6.6	65 死,1 000 伤
海城地震,中国	1975.2.4	Ms 7.4	300～1 200 死
唐山地震,中国	1976.7.28	Ms 7.6	240 000 死
墨西哥城地震,墨西哥	1985.9.19	Ms 7.9	10 000 死,30 000 伤
斯皮塔克地震,亚美尼亚	1988.12.7	Ms 6.8	25 000 死,19 000 伤
Loma Prieta 地震,美国	1989.10.17	Ms 7.1	63 死
Northridge 地震,美国	1994.1.17	Mw 6.7	58 死,7 000 伤
阪神地震,日本	1995.1.16	Ms 6.8	5 502 死,36 896 伤
Izmit 地震,土耳其	1999.8.17	Ms 7.4	30 000 死
集集地震,中国台湾	1999.9.21	Mw 7.6	2 333 死,10 000 伤
苏门答腊地震,印度尼西亚	2004.12.26	Mw 9.1	227 898 死(海啸)
巴基斯坦地震,巴基斯坦	2005.10.8	Mw 7.6	86 000 死
汶川地震,中国	2008.5.12	Ms 8.0	87 000 死
海地地震,海地	2010.1.12	Mw 7.0	316 000 死

震害可划分为两种,即直接震害和间接震害。直接震害指的是地震直接引起的人员伤亡和财产损失。财产损失包括各种人工建筑物,如房屋建筑、构筑物、桥梁、隧道、道路、水利工程及自然环境,如农田、河流、湖泊、地下水等的破坏。间接震害指的是非地震灾害和损失,如火灾、水灾(海啸、大湖波浪)、流行疾病和由劳动力损失与交通中断等引起的一系列经济损失。地基失效破坏是指由地震引起的地基丧失承载能力的多种破坏,包括极震区多发生的断层位错和地震动引起的滑坡、不均匀变形及开裂、地基承载力下降及完全消失。我国是一个多地震灾害的国家,每年都会发生数次震级大于5.0的地震,地震灾害形势严峻。

《"十四五"国家防震减灾规划》提出,到 2025 年,初步形成防震减灾事业现代化体系,体制机制逐步完善,地震监测预报预警、地震灾害风险防治、地震应急响应服务能力显著提高,地震科技水平进入国际先进行列,地震预报预警取得新突破,地震灾害防御水平明显增强,防震减灾公共服务体系基本建成,社会公众防震减灾素质进一步提高,大震巨灾风险防范能力不断提升,保障国家经济社会发展和人民群众生命财产安全更加有力。到 2035 年,基本实现防震减灾事业现代化,基本建成具有中国特色的防震减灾事业现代化体系,关键领域核心技术实现重点突破,基本实现防治精细、监测智能、服务高效、科技先进、管理科学的现代智慧防震减灾。城市工程是地震灾害的载体,提高城市工程安全与防灾减灾水平将是减轻地震灾害及其损失最有效和最直接的途径。然而,当前我国城市建设规模大、工程种类繁多、建造年代各异、设防标准差别较大。因此,迫切需要开展城市工程安全与防灾减灾的基础理论研究,为减轻和解决我国迅速城市化进程中所面临的地震灾害威胁提供系统的科学理论和方法,全面提升我国城市工程防灾减灾水平,适应社会和经济可持续发展。

岩土地震工程学是由土动力学、地震工程学、结构动力学等学科交叉综合形成的新学科。基于 1964 年日本新潟地震和 1976 年我国唐山地震等的数据的许多实践课题促进了该学科的发展;1995 年日本阪神地震等使得该学科的研究达到一个新的高潮。近年来在世界范围内相继发生的许多强烈地震,如 2007 年 8 月秘鲁 8.0 级地震、2008 年 5 月我国汶川 8.0 级地震、2010 年 1 月海地 7.0 级地震、2011 年 3 月日本本州岛 9.0 级特大地震等,给人民生命和物质财产造成极大的损失。尤其是 2008 年汶川地震,死亡和失踪人数接近 9 万人,直接经济损失 8 千多亿元。抗震减灾已经成为全世界共同关注的问题,岩土地震工程学工作者需要面临前所未有的严峻的考验。

地震引发的地质破坏主要有地表破裂、滑坡、崩塌、震后泥石流、堰塞湖垮坝、地陷以及砂土液化、软土震陷等地基失效破坏。饱和砂土地震液化是岩土地震工程学一个重要的研究课题。沈珠江在《关于土力学发展前景的设想》一文中指出,液化破坏理论是现代理论土力学研究的基本课题之一。砂土液化与震害的关系十分复杂,大量地震现场调查表明液化会加重结构的震害;但是,当液化层上面有坚实而且较厚的覆盖层的时候,液化可以减轻上部结构物的震害。在 1970 年通海地震、1975 年海城地震和 1976 年唐山地震中,群众总结液化对房屋破坏的规律为:"我们家多亏喷砂冒水了,否则房子就保不住了""湿震不重干震重"。我国专家学者通过深入调查,发现有二十几个村庄内土层发生液化,其房屋震害指数较附近没有液化发生的村庄要轻 0.1～0.4。一些以高频等幅正弦波输入的振动台和离心机试验也表明了液化层对高频波的减隔震作用。场地砂土液化在一些场地上起到隔振减震的作用,减轻震害。然而,多数情况下液化都是加重了震害。

液化几乎在历次大地震中均有发生,图 1.1 举例给出了世界范围内几次大地震中砂土液化震害现象。国内外历次重大破坏性地震中砂土液化是导致建筑物倾斜、沉降,地下管道等生命线工程破坏的重要因素,例如 1994 年 Nothridge 地震,1995 年阪神地震,1999 年集集地震和 Kocaeli 地震,2008 年汶川地震,等等。土壤的液化不仅由地震引起,其他荷载的作用(如爆炸、海浪)也不容忽视。然而,对该类土壤液化问题的研究相对较少。

震害调查是获取工程震害资料和经验最重要的手段,也是工程抗震理论和分析方法发展最重要的基础。在我国的抗震设计技术发展历程中,对河源(1962年)、邢台(1966年)、通海(1970年)、海城(1975年)和唐山(1976年)等几次地震开展深入的震害调查工作,对我国乃至世界工程抗震技术的发展起到了很大的推动作用。可以说工程地震学的发展离不开历次地震考察,特别是破坏性地震震害启示。因为大地震后会出现新问题,解决新问题的过程就是工程地震学飞跃发展的过程。

(a) 1964年日本新潟地震倾倒的公寓

(b) 1999年土耳其 Izmit 地震液化引起的建筑沉降

(c) 1995年日本阪神地震液化引起码头侧移

(d) 2011年新西兰 Christhurch 地震市区液化俯瞰

(e) 1976年唐山地震液化喷砂覆盖农田

(f) 2008年汶川地震液化喷砂覆盖农田

图 1.1 砂土液化震害现象举例

工程力学研究所积极参加了1966年邢台地震地震现场的房屋建筑和工程结构破坏调查工作。为使地震现场应急指挥工作科学、有序、高效地进行,应规定地震现场应急指挥信息管理和共享的工作内容、技术方法、技术要求及成果表达方式。

一次破坏性地震不仅是给人类带来灾难,同时也是一次大的自然科学和人文科学的试验场,给人类留下许多经验和教训。为科学、系统地调查、整理和总结地震观测、工程结构、地震地质等方面的科学资料,从而为减灾领域的科学研究提供宝贵的科学数据,需制定相应技术标准。

在地震现场,快速、及时、高效地做好受震房屋等建筑物的安全鉴定工作,是妥善安置灾民、保护生命的一条有效途径。在破坏性地震发生后,建立标准对工作内容、技术方法、技术要求及结果的表达方式进行规定,在地震现场对震区建筑物的安全性进行鉴定十分必要。

紧急救援工作越来越受到世界各国政府和民众的关注,科学、有序地进行地震现场救援工作是保障人民生命、财产安全的有力措施,需根据近些年来国内外的救援需求和实践制定相应标准,规范地震现场工作,规定地震现场工作的基本内容、基本要求、类别、时限和各项工作的相互关系等,所有这些规范、标准、制度、要求的制定目标均是尽可能大地消除地震灾害的影响,减少人类生命及财产的损失。

1.2　研究现状

1.2.1　砂土液化的研究现状

砂土液化是岩土地震工程学中非常重要、非常有意义、复杂而又极具争议性的课题,也是工程抗震研究中亟待解决的课题。场地砂土液化自 1964 年新潟地震和同年的 Alaska 地震以来一直是岩土地震科研人员及工程师关注的课题。一般认为饱和砂土或粉土才会发生液化现象,而海城地震、阪神地震、唐山地震等地震中都发现有砂砾石液化的现象,但未引起广泛的关注,1999 年集集地震和 2008 年汶川地震的调查资料表明地震中砂砾石液化现象十分普遍,逐渐引起研究者们的研究兴趣。袁晓铭等总结了汶川 8.0 级大地震液化及其震害科学考察结果,提出许多新的液化研究问题,如 Ⅵ 度区内液化及其震害、砂砾土液化等。

1. 场地液化判别与机理

杜修力教授将对饱和砂土液化进行定性分析与评价的方法分为 3 类:① 经验或统计法,以地震现场的液化调查资料为基础,给出判别实际液化与不液化的条件与界限,并且可以给出液化程度的判别;② 简化分析法,以试验和土体反应分析为基础来判别饱和砂土能否液化,有代表性的主要有 Seed 简化法(1966 年提出)、Poulos 液化估计法(1985 年提出)、剪切波速法、标贯击数法;③ 数值分析法,采用某种本构模型进行动力计算和液化判别。近年来又出现了可靠度、聚类分析和支持向量机等智能分析方法。

在采用 Seed 简化法进行分析时需要评估土体液化势的等效循环周次。陈青生等采用有限元数值模拟技术研究了不同地震波输入下砂土的动力响应,建立了考虑多向地震荷载作用的等效循环周次计算方法。

关于土体液化的研究多采用室内动三轴试验、动单剪试验和动扭剪试验。试验过程中,一般采用轴向应变 5% 作为液化判别标准。Mohtar 等研究发现,对于常规的液化土体,采用孔压液化和轴向应变液化差别不大,对于特殊的土体则差别较大。王兰民等采用动三轴试验分析了黏粒含量对甘肃黄土抗液化性能的影响。Chalandarzadeh 等开展了淤泥－砂混合物的抗液化特性试验研究,分析了初始应力和应力旋转对材料各向异性的影响。近年来,振动台和离心振动台也逐步应用于液化问题的研究。Towhata 等开展了板桩码头后侧群桩基础的振动台模型试验研究,分析了液化变形的机理和群桩的侧向变形特性。Adak 分析了地震荷载作用下液化土体中桩的破坏模式,发现对于无黏性土中桩的破坏主要是由弯曲不稳定引起的。室内试验有其自身的优点,但也存在无法克服的缺点,如:试样尺寸较小、采用的为扰动试样以及边界条件等。付海清等采用人工激振技术,开展了简单工况下的现场激振液化试验研究,试验结果与振动台试验结果基本一致。

液化后砂土具有流体特性的结论来自 Sasaki 等的振动台试验结果,他们根据液化变形的一系列试验结果得到的主要结论之一就是:液化砂土与流体"非常类似"。根据流体力学的思路,日本学者开展了液化砂土流动特性的试验研究,包括振动台拖球试验、振动台拖管试验、三轴试验、离心机试验等,主要得到了液化砂土的表观黏度的大小。陈育民等在液化流动大变形三轴扭剪试验成果的基础上分析了液化及液化后砂土的流动特性,得出了液化状态的砂土是一种剪切稀化非牛顿流体的结论,并采用振动台拖球试验验证了这一结论。

已有的研究已经对饱和砂土液化状态和液化后状态下的流动特性开展了试验研究,而对液化前的状态尚未进行探讨。饱和砂土在发生完全液化之前会存在一段高孔压状态,在这种状态下,砂土中的超孔隙水压力逐渐上升,而消散缓慢,土体的有效应力很小,但是并没有达到完全液化下的零有效应力状态。在高孔压状态下,砂土的抗剪强度极低,在剪应力作用下也会发生流动大变形。因此,有必要对这种介于未液化状态和完全液化状态之间的高孔压状态下的砂土开展其流动特性的试验研究,揭示砂土液化的机理、充实砂土液化流动变形理论。陈育民等开发了饱和砂土液化前高孔压状态下流动特性的试验装置和试验方法,并开展了相关的试验,为液化前砂土的流动特性研究提供了试验支持。

2. 液化后变形分析

关于液化问题的研究,过去的工作主要集中于液化产生的机理、影响因素、判别方法等方面。随着近年来多次大地震的出现,以及在地震过程中地震灾害的发生,人们对于液化问题的研究已逐步由强度分析转变为变形分析。

近年来的关于砂土液化本构模型的研究,绝大多数都是针对初始液化前的有效应力路径和应力应变的,对初始液化后的应力应变行为研究较少。利用数值分析方法计算液化后土体变形,关键在于液化后土体本构模型的选取及对大变形发生机理的解释。Elgamal 等建立了着重于描述饱和砂土循环活动性和剪应变积聚反应的塑性本构模型,同时用土体 — 液体两相耦合有限元计算程序来计算液化后的地面位移。其计算结果通过了室内试验和离心机试验验证。张建民等研究发现,饱和砂土液化后的剪应变由一个非零有效应力状态下产生的、依赖于现实剪应力变化的剪应变分量和一个零有效应力状态下产生的、依赖于剪切历史的剪应变分量组成。张建民等在此基础上建立了一个模拟饱和砂土初始液化前后不排水循环剪切变形行为的非线性弹性本构模型。继此,张建民等在边界面本构理论的基础上建立了一个弹塑性循环本构模型,该模型不仅可以模拟饱和砂土循环荷载条件下从液化到液化后、从小剪应变到大剪应变的变形发展过程,同时可以模拟饱和砂土液化后再固结的体变累积特性。刘汉龙等基于饱和砂土动三轴试验成果,提出了一个描述砂土液化后应力应变关系的双曲线模型。王艳丽等从砂土受振动荷载作用结束后所处的拉伸、压缩两种状态出发,分析了液化程度和围压对饱和砂土液化后不排水变形特性的影响,提出了统一描述两种状态下砂土液化后应力应变关系的三阶段模型。张建民等研究了有效围压和密度对饱和砂土液化后单调加载应力应变的影响,改进了 Shamoto 等建立的模拟饱和砂土液化后单调加载的本构方程。陈育民等根据试验结果得到了一个液化后砂土的流体本构模型,并将其加入了有限差分程序 FLAC3D 中,在 Finn 模型的基础上改进了其液化后处理的功能,得到了能够反映土体液化及液化后变形的 PL－Finn(Post Liquefaction Finn) 模型。Yuan 等将有限元和有限差分法相结合,利用有效应力循环弹塑性本构模型建立了饱和砂土液化大变形的实用数值方法。芙颖等采用无网格法开展了液化分析,避免了由单元变形扭曲引起的计算中断,节约了计算时间。黄雨等基于 Biot 两相饱和多孔介质动力耦合固结理论,采用 Oka 等提出的砂土循环弹塑性本构模型对这两种具有不同持时特征的强震所导致的河流堤防液化性状进行了计算分析。

1.2.2 砂土液化影响因素研究

饱和砂土地震液化影响因素很多,从微观角度讲,有土性条件(颗粒级配曲线)、初始应力条件、动荷载条件和排水条件等。从现场数据来看,液化层的埋藏深度、地下水位、相对密度[SPT(Standard Penetration Test,标准贯入试验)、CPT(Cone Penetration Test,静力触探试验)等的现场勘察数据]、液化层厚度等宏观因素对场地液化的影响与工程实际应用密切相关。下面介绍从微观角度影响砂土液化的因素。

1. 土性条件

土性条件主要指土的粒度特征、密度特征、结构特征和饱和度。

(1)粒度特征。粒度特征即平均粒径 d_{50}、不均匀系数 c_u 和黏粒含量。土的颗粒越粗,土的动力稳定性越高。宏观上讲,土的平均粒径越大、不均匀系数越大,土的动力稳定性越高,越不易发生液化。不均匀系数超过 10 的土一般较难发生液化。土的黏粒含量增加到一定程度,土的动力稳定性较高,很难发生液化。

(2)密度特征。密度特征即相对密度 D_r、孔隙比 e 及干重度。相对密度越大、孔隙比越小、干重度越高,土的抗液化强度越高。土的相对密度与现场测试 SPT 标贯击数有直接联系,可以通过 SPT 转化成相对密度,然后进行场地液化的判别。

(3)结构特征。结构特征即土的排列和胶结状况。排列结构稳定性和胶结状况良好的土的抗液化能力较强。由于土的结构受到沉积年代、应力历史、应变历史等的影响,因此原状土比重塑土难液化,古砂层比新砂层难液化,遭受过地震液化的土比未遭受过地震液化的土难液化。试验研究发现,在试验室内重塑土预压 1 ~ 100 天的情况下,其抗液化能力有所提高。不同制造土样的方法对抗液化能力的影响主要体现在土样结构特征上。湿法制作的土样比干法制作的土样抗液化能力高,振动法制作的土样比舂捣法制作的土样抗液化能力高,低频制作的土样比高频制作的土样抗液化能力高,均匀级配的砂比良好级配的砂抗液化能力高,圆粒砂比角粒砂抗液化能力高,粒状砂比片状砂抗液化能力高。

（4）饱和度。试验结果显示,饱和度稍有减小,液化应力就会明显增大,也就是说更不易液化。试验中,饱和度通常采用孔隙水压力系数 B 间接衡量。分析结果显示,只有孔隙水压力系数 B 达到 0.96 以上,试验结果才能代表完全饱和砂土的液化性能。

2. 初始应力条件

（1）从初始覆盖应力状态看,有效覆盖压力越大,液化的可能性就越小。附加荷重的作用使得很多地震区内深处的饱和砂土不易发生液化。

（2）从初始剪应力状态看,试验室三轴试验结果显示,初始固结应力比越大,土的抗液化能力就越强。在初始固结比 $K_c > 1.0$ 的偏固结状态下,土内产生了一定的剪应力,其动强度要比在初始固结比 $K_c = 1.0$ 的等固结状态下高。这是因为,在 $K_c = 1.0$ 时,振动会使剪应力方向发生反复的变化,而 $K_c > 1.0$ 时,剪应力可能只有大小的变化,而没有或者只有很小的方向上的改变。但是,如果初始固结比远大于 1.0,初始剪应力很大,则在动应力作用下的静、动剪应力大于土的抗剪强度时,土的抗液化能力必将进一步降低。

3. 动荷载条件

（1）对于动荷载波形的影响,F. Harder、J. L. Vrymoed 和 W. J. Bennett 采用应力脉冲作用的试验表明,较大的应力脉冲,不管它的位置如何,都会产生较大的孔压增量;当较大应力脉冲在大应力之后出现时,会引起与应力脉冲大小不成正比的破坏作用,而当较大应力脉冲在大应力之前出现时,有增大抗液化强度的作用。谢定义、巫志辉等通过试验提出了不规则应力波的 6 种波序效应,即大波效应、首波效应、连波效应、缓冲效应、强化效应及加速效应,这些都表明了动荷载作用对波形效应的影响远不能用一个简单的"等效"反映。

（2）动荷载的振幅和频率影响试验研究结果表明,只要加速度不变,低频高幅和高频低幅的不同组合对土的动力效应一般没有多大的差别。如果试验的频率过低,则类似于缓慢的大幅运动,试验失去了动荷载的特性,显示不出效果。

（3）动荷载的作用时间对砂土液化的发展有很大的影响。如果动荷载持续时间很长,即使幅值很小的动荷载也会引起砂土的液化。

（4）关于动荷载振动方向的影响,国内外的试验表明,垂直和水平方向的振动作用对同样的试验引起的反应大致相同,但是 45°方向上的振动作用能够产生较大的试样变形,振动方向接近土的内摩擦角时,土的抗剪强度最低。H. B. Seed 等对干砂进行了单向和双向(两个相互垂直方向)振动试验,指出双向振动时的震陷约等于各单向震陷之和;产生给定震陷所需的剪应力,在双向振动时要比单向振动时小约 20%;而对于饱和砂土,试验结果显示双向振动产生的孔压增长约为单向的两倍;给定循环数引起液化的动应力比,双向振动情况下要比单向时低 10% ~ 20%。

4. 排水条件

排水条件指的是土层的透水程度、排渗路径及排渗边界条件。在研究地震作用下砂土液化问题时,因地震作用时间很短,通常认为土中孔隙水来不及排除,且孔隙水压力来不及消散,故此需在不排水条件下进行砂土液化振动试验。当在多层地基中有可液化土层存在时,其他土层对可液化土层的影响主要表现在排渗能力和层位结构两个方面。排渗能力取决于上下邻层土的透水程度和实际厚度。厚度大的较强透水层可能会与厚度小的较弱透水层具有相同的排渗效果。也就是说,排渗能力由排渗土层渗透系数和厚度两个参数来控制,渗透系数大、厚度小则排渗能力强。层位结构可以通过用不同液化势的土层组成多层试样进行试验。章守恭、李玉蓉等的研究表明,一定程度的排水对降低液化势具有明显的作用。Y. Umehar、K. Zeu 和 K. Hamada 等人在部分排水条件下的液化势试验结果表明,若采用渗透系数 k 和渗径 L 的比值 α 来反映土层的排渗能力,当振动频率不变时,液化剪应力比随着 α 的增大而增大;当 α 不变时,液化剪应力比随着振动频率的增大而减小,且这种影响对密砂明显,对松砂不明显。

以上影响砂土液化因素研究主要是通过室内试验进行的。液化土层埋藏深度、液化土层厚度、地下水位等宏观影响因素的研究取决于大量数据的累积。砂土液化的地震现场调查是研究液化的一个重要手段,主要查明液化和非液化产生的砂土物理条件的差异。需要强调的是液化现场调查不仅要调查液化场地,同时也要调查非液化场地。对液化场地的现场识别主要基于以下几点:① 喷水冒砂;② 地面局部塌陷;③ 边坡和岸坡滑动;④ 建筑物倾斜或倒覆;⑤ 地基隆起和基础下陷。喷水冒砂是辨别砂土液化的最主要标志。但是,若液化土层埋藏较深,即使发生液化,地面和建筑物也可能没有反应,就有可能将液化场地误判为非液化场地。液化势指数判别法是以地震现场调查资料为基础建立的判别场地液化的方法。在这个方法中,引进一个液化势指数表示某一场地液化可能性的大小。液化势指数是影响液化诸多因素的函数,用 Z 表示:

$$Z = f(X_1, X_2, X_3, \cdots, X_n) \tag{1.1}$$

影响因素包括:地面运动最大加速度、地震震级、震中距、地下水位、可液化砂土埋深、标贯击数、地震持时等。判别场地液化的前提是建立这些影响因素与场地液化势的相关性,查明这些影响因素对场地液化势的影响规律。

从以上分析可以看出,液化研究已经取得了很大进展,但从现有的成果看,与满足客观需求还有很大距离,主要体现在以下两点。

(1) 缺乏地震现场液化宏观评价的调查方法和描述标准,使得研究人员对地震中液化程度以及所造成的震害情况仅能得到不完善和片面的认识,也使其后液化研究工作缺乏全面可靠的资料。

(2) 对近期国际上大地震液化实测数据分析整理不够,使得对实测资料中所反映的液化场地特征认识不足,对国内外液化数据的差别和联系还缺乏了解,也使得对我国液化判别方法的现状和发展方向认识不清晰。

本书通过近期大地震获取了很多宝贵的液化场地实测新数据,可以用来分析影响液化的场地特征量与液化的关联性,可以得到实际动荷情况、真实埋藏条件以及现场实测土力学指标与液化相关程度的真实认识,对于检验现有的液化判别方法也具有重要意义,但这方面的研究成果尚少。

1.3　本书主要研究内容

鉴于客观需求和研究现状,本书的研究集中于以下几个方面。

(1) 研究并提出一套宏观液化指数及等级划分标准,为地震后液化调查提供一个系统、便于参考的指标,并利用国内外地震实例检验该标准的可行性,以便为震后灾害评估提供可参考的标准。

(2)系统整理我国汶川8.0级大地震震害调查结果,给出各主要液化区宏观液化等级分布,研究此次地震液化加减震的情况,讨论宏观液化指数与地震动的关系。

(3)收集整理近期国内外地震现场液化调查数据,形成较为完整的液化数据库,据此研究液化场地的地震强度、砂层埋藏条件和力学性能特征,从实测资料中获取新认识,更新以往液化方面的知识。

(4)利用相关性理论和近期地震大量液化新数据,研究影响液化的特征参数与液化之间的关联性,获取实际动荷情况、真实埋藏条件以及现场实测土力学指标与液化相关程度的新认识。

(5)基于大量实测新数据得到影响液化的特征量与液化发生的相关性分析结果,检验我国现有规范以SPT、CPT和V_s这三种基本指标形成的液化判别方法,确认其可靠性,指出需要改进之处。

(6)利用2011年新西兰Christchurch地震中大规模液化得到的勘查数据,讨论此次地震液化场地特征,进一步研究影响液化的特征参数与液化的相关性,为液化问题更深入的认识和判别方法的发展提供线索。

第2章 液化数据库建设及场地液化特征研究

2.1 引 言

土力学的奠基人们在1948年就已经注意到了饱和砂土受扰动会像流体一样流动的现象。1964年日本新潟地震和美国阿拉斯加地震后,液化问题受到了广泛重视,成为防震减灾中一个具有重大理论价值和实用意义的课题。而我国直到20世纪六七十年代国内相继发生了几次破坏性大地震后对液化问题才开始广泛研究,其中1976年唐山地震中出现了大量的液化破坏事例,对我国液化问题研究起到了极大的推动作用。地震液化取决于地震动、土的主观条件和环境因素,而每次地震中除了地震动不同外,出现液化的土层埋藏条件和土性既有差别又有联系,了解和掌握它们的共性和个性,对认识液化机理、发展液化预测方法很有益处。

液化实测数据是研究液化最基本的依据。本章以作者收集的国内外具有代表性的48次大地震的液化资料为基础,形成液化数据库,分析整理液化场地、非液化场地的埋深、平均粒径等参数,以掌握液化土的埋藏条件和力学性能等特征,了解国内外液化数据的差别和联系,以提高对液化问题特别是我国液化判别方法现状的认识,也为本书下面的研究奠定基础。

2.2 国内地震液化数据库

在以往的多次国内(除港、澳、台外,下同)地震中都出现了不同程度和不同规模的砂土液化现象及液化震害,这些地震的地质调查及现场实(试)验为砂土液化的研究、液化判别、预防工程震害等提供了基础数据,为我国规范的制定及发展做出了很大贡献。

国内地震中,目前能收集到液化数据的如表2.1所示。从表2.1中可以看出,1962年到2008年,拥有液化数据的地震共计11次。其中的9次被用于我国抗震规范的修订。巴楚地震和汶川地震中发现了新的液化问题,对液化研究提出了新的挑战,同时也丰富了液化数据库的基础资料。

1984年,谢君斐等采用海城地震、唐山地震及国外大地震的液化资料,建立了以标贯击数为指标的砂土抗液化强度公式,并对 TJ 11-78《工业与民用建筑抗震设计规范》中的液化判别式中的砂层埋深和地下水位影响系数进行了校正。表2.2列出了本书搜集的国内地震液化数据统计。根据以往地震震害资料,在表2.2中的10次有液化的地震中9次属于砂土液化,汶川地震属于砂砾石液化。在汶川地震中,由于土层条件的限制,地下土层中含有大量的砾石甚至是颗粒粒径较大的卵石,标准贯入试验在其中无法像在常规土层中一样开展,因此利用重型动力触探击数(D_{120})来标定土层的密实程度,即表2.2中汶川地震所对应的标贯数据是重型动力触探击数。

表 2.1 国内有液化数据的地震

编号	地震	时间	震级	震中烈度	震源深度 /km
1	河源	1962.3.19	6.1	Ⅷ 度	5
2	河间	1967.3.27	6.3	Ⅷ 度	19
3	邢台	1966.3.8	6.8	Ⅸ 度	10
4	邢台	1966.3.22	7.2	Ⅹ 度	9
5	渤海	1969.7.18	7.4	Ⅵ 度	25
6	阳江	1969.7.26	6.4	Ⅷ 度	5～8
7	通海	1970.1.5	7.7	Ⅹ 度	约 10
8	海城	1975.2.4	7.3	Ⅸ 度	16.21
9	唐山	1976.7.28	7.8	Ⅺ 度	12
10	巴楚	2003.2.4	6.8	Ⅸ 度	25.2
11	汶川	2008.5.12	8.0	Ⅺ 度	14

表 2.2 国内地震液化数据

地震	震级	静力触探试验 /例	波速 /例	标准贯入试验 /例	埋深 /例	水位 /例	d_{50} /例
河源	6.1	—	—	1	1	1	—
河间	6.3	—	—	2	2	2	—
邢台	6.8	—	—	6	7	7	—
邢台	7.2	—	—	7	7	7	—
渤海	7.4	—	—	7	7	7	—
通海	7.7	—	—	32	34	33	—
海城	7.3	—	6	12	12	12	—
唐山	7.8	15	—	92	92	92	75
巴楚	6.8	39	44	47	48	48	8
汶川	8.0	—	53	136	67	104	23

10 次国内地震中静力触探试验数据共计 54 例,波速数据共计 103 例,标准贯入试验数据共计 342 例,埋深数据共计 277 例,水位数据共计 313 例,平均粒径(d_{50})数据共计 106 例。总计搜集到的国内地震液化数据资料包括 3 种原位试验数据和埋深、水位等的数据共计 1 195 例。

自唐山地震后,我国开始重视砂土液化造成的震害。唐山地震之前液化数据寥寥无几,而后数据量增加,对砂土液化的考察明显加强,对场地的测试也更详细,不仅进行标准贯入试验,也开始进行波速试验和静力触探试验,并且对土层等进行砂土筛分试验。这一系列试验所得的数据将为砂土液化的判别及其机理等研究提供坚实的基础,也为更深刻地了解砂土液化、研究抗液化措施提供了保障。

事实上自 1975 年海城地震开始,液化的影响已经受到广泛的关注。在海城地震中,喷砂埋盖农田 180 多平方千米,淤塞渠道。仅在盘锦地区,估计淤塞渠道四百余万米,农田淤砂三百余万立方米,覆盖农田六万余亩①,喷砂冒水严重的农场,农田淤砂面积约占其耕地面积的25%。砂土液化导致出现大量地裂缝、错位、滑坡、不均匀沉降等,加剧了建筑物的震害。砂土液化严重的地区,大量桥梁破坏。图2.1所示为海城地震中盘锦地区南河东方红公路桥,砂土液化使得表层土体滑移,推动桥墩、桥台变位倾斜,桥面跌落,不能通行。

图2.1 1975年海城地震中因液化桥面桥墩倾斜

1976年唐山地震中喷砂冒水地区达24 000 km²。大量农田被淹没,喷出砂层厚度可达30 cm,广泛引起房屋及桥坝等的地基失效,6万眼机井淤砂,井管错断。由液化引起破坏的机井约占全部机井的2/3,西集公社和合站大队的15眼机井遭喷砂阻塞的有11眼,一些涵闸等水利设施也遭到不同程度的破坏。砂压耕地3.3万多公顷②,咸水淹地4.7万公顷。图2.2(a)所示为唐山地震中滦县某农田被喷砂掩埋,图2.2(b)所示为一河道被喷砂淤平。唐山地震是对我国研究砂土液化判别具有转折意义的地震。

(a) 某农田被喷砂掩埋　　　　　　　　　　(b) 一河道被喷砂淤平

图2.2 1976年唐山地震液化震害

2003年,巴楚地震是自中华人民共和国成立以来新疆境内最强烈的一次地震,在Ⅶ、Ⅷ、Ⅸ度区发生大面积的砂土液化,并伴随地裂缝、河岸滑坡等一系列的地质灾害,是我国自海城地震和唐山地震之后近30年来最具规模的砂土液化现象。图2.3所示为巴楚地震中塘巴扎215省道与色力布亚交接路旁农田,该处位于Ⅶ度区,上千米范围的农田

---

① 1亩 = 666.6 m²。

② 1公顷 = 10⁴ m²。

里,见多处喷砂冒水孔,最大直径 1.2 m,有的单个出现,有的成群出现,并可见二次喷砂孔。巴楚地震液化资料及现场勘查数据为更深一步研究砂土液化判别提供了更可靠的支撑。经分析得出,现有的液化判别规范方法新疆地区并不适用,所以适合新疆地区的液化判别方法有待研究。

(a) 最大喷砂孔直径1.2 m

(b) 喷砂扎成群,并可见二次喷砂孔

图 2.3　2003 年巴楚地震中农田液化

2008 年汶川地震是中华人民共和国成立以来继唐山地震之后破坏性最强、震感规模最大的一次地震,造成了巨大的经济损失和人员伤亡。此次地震中,砂土液化现象十分普遍,液化面积达 100 000 km^2,造成民房、车站、学校以及公路、桥梁和田地的破坏。根据对地下土层和喷出物等的判断,汶川地震中液化现象是显著的砂砾石液化。因液化而导致的震害十分显著,相同地点的液化区与非液化区震害情况明显不同。液化带穿过的房屋均受损十分严重,房屋开裂、地基不均匀沉降甚至垮塌,而未发生喷水冒砂现象的房屋相对完好。液化发生时地裂缝伴随发生的情况极为普遍,裂缝穿过的各类房屋建筑、农田、公路、桥梁等均受到不同程度的毁坏。图 2.4 所示为汶川地震中德阳市柏隆镇松柏村液化震害情况,液化伴随地裂缝产生,凡是地裂缝穿过的地带,直接导致房屋倒塌。对汶川地震中液化的详细资料的累积扩充了我国现场勘查资料库,形成了一套场地地点、场地液化现象描述、动力触探测试数据、波速、液化层埋深、水位及土类性质等一一对应的可靠文字和数据资料,也为接下来进一步研究液化机理、砂砾土液化及判别,以及积累现场勘查经验和资料奠定了基础。

(a)

(b)

图 2.4　2008 年汶川地震中液化直接导致房屋倒塌

2.3　我国台湾及其他国家的部分地区地震液化数据库

在我国台湾及其他国家的部分地区(简称其他地区,下同)地震中,砂土液化现场也非常普遍。本书搜集的其他地区有液化数据的地震如表 2.3 所示,共计 37 次。

表 2.3　其他地区有液化数据的地震

编号	地震	时间	震级	震中烈度	震源深度 /km
1	新潟	1802	6.6	Ⅷ度	5
2	新潟	1877	6.1	Ⅶ度	19
3	Mino-Owari	1897	7.8	Ⅸ度	10
4	San Francisco	1906	8.1	Ⅹ度	9
5	Kwanto	1923	7.9	Ⅵ度	25
6	Long Beach	1933	6.3	Ⅷ度	5～8
7	Tonankai	1944	8.0	Ⅹ度	约10
8	Fukui	1948	7.3	Ⅸ度	16.21
9	Daly City	1957	5.3	Ⅺ度	12
10	Alaska	1964	9.2	Ⅸ度	25.2
11	新潟	1964	9.2	Ⅺ度	14
12	Venezuela	1967	6.5	—	—
13	Tokachi-Oki	1968	8.2	—	—
14	San Fernando	1971	6.5	—	—
15	Managua	1972	6.2	—	—
16	Guatemala	1976	7.5	—	—
17	Argentina	1977	7.2	—	—
18	Vrancea	1977	7.2	—	—
19	Miyagiken-Oki	1978	6.7	—	—
20	Miyagiken-Oki	1978	7.7	—	—
21	Thessaloniki	1978	6.5	—	—
22	Guerroro	1978	7.6	—	—
23	Montenegro	1979	6.9	—	—
24	Imperial Valley	1979	6.6	—	—
25	Mexicali	1980	6.7	—	—
26	Mid-Chiba	1980	6.1	—	—
27	Westmoreland	1981	6.0	—	—
28	Borah Peak	1983	6.9	—	—
29	Nihonkai-Chubu	1983	7.8	—	—
30	Lotung	1986	6.2	—	—
31	Lotung	1986	7.0	—	—
32	Whittier Narrows	1987	5.9	—	—
33	Superstition Hills	1987	6.6	—	—

续表2.3

编号	地震	时间	震级	震中烈度	震源深度/km
34	Elmore Ranch	1987	6.2	—	—
35	Loma Prieta	1989	6.9	—	—
36	阪神	1995.1.17	7.2	Ⅶ 度	20
37	集集	1999.9.21	7.3		约 10

其他地区地震液化数据统计如表2.4所示。37次地震中,静力触探试验数据483例,波速数据93例,标准贯入试验数据705例,埋深数据978例,水位数据927例,平均粒径(d_{50})数据816例。总计收集到的其他地区地震液化数据资料包括三个原位测试数据和埋深、水位等的数据共计4 015例。(这里的数据包括了一些未修正的,表2.4中的数据是修正过的)其中液化规模最大、液化数据最多的地震依次为1999年集集地震、1964年新潟地震和1995年阪神地震。

表 2.4　其他地区地震液化数据统计

地震	震级	静力触探试验/ 例	波速/ 例	标准贯入试验 / 例	埋深/ 例	水位/ 例	d_{50}/ 例
Niigata	6.6	—	—	0	2	—	—
Niigata	6.1	—	—	0	2	—	—
Mino-Owari	7.8	4	—	4	4	4	4
San Francisco	8.1	4	—	4	4	4	4
Kwanto	7.9	5	—	5	5	5	5
Long Beach	6.3	2	—	2	6	2	2
Tonankai	8.0	4	—	4	4	4	4
Fukui	7.3	3	—	3	3	3	3
Daly City	5.3	23	—	23	23	23	23
Alaska	9.2	14	—	14	18	14	14
新潟	9.2	80	—	90	90	80	80
Venezuela	6.5	1	—	1	1	1	—
Tokachi-Oki	8.2	7	—	7	7	4	4
San Fernando	6.5	1	—	1	1	1	1
Managua	6.2	1	—	1	1	1	1
Guatemala	7.5	4	—	4	4	4	4
Argentina	7.2	8	—	14	14	8	2
Vrancea	7.2	2	—	2	2	2	1
Miyagiken-Oki	6.7	13	—	23	23	13	13
Miyagiken-Oki	7.7	24	—	24	24	24	24
Thessaloniki	6.5	1	—	1	1	1	—
Guerroro	7.6	1	—	1	1	1	1
Montenegro	6.9	2	—	2	2	2	2
Imperial Valley	6.6	10	—	13	13	10	10

续表2.4

地震	震级	静力触探试验/例	波速/例	标准贯入试验/例	埋深/例	水位/例	d_{50}/例
Mexicali	6.7	1	—	1	1	1	1
Mid-Chiba	6.1	—	—	2	2	—	—
Westmoreland	6.0	8	—	12	12	8	8
Borah Peak	6.9	4	—	4	4	4	4
Nihonkai-Chubu	7.8	19	—	19	19	19	19
Lotung	6.2	2	—	2	2	2	2
Lotung	7.0	2	—	2	2	2	2
Whittier Narrows	5.9	17	—	17	17	17	17
Superstition Hills	6.6	12	—	12	12	12	12
Elmore Ranch	6.2	12	—	12	12	12	12
Loma Prieta	6.9	22	—	22	22	22	22
阪神	7.2	26	19	56	101	101	
集集	7.3	144	74	302	510	510	510

1964年日本新潟地震液化引起了大量的砂沸、地基承载力丧失、不均匀沉陷、边坡流滑等灾难性的破坏。据估计,在该次地震中仅由液化引起的损失就超过了10亿美元。如图2.5所示,1964年日本新潟地震中液化导致的喷砂孔明显,喷砂量大,液化导致整栋楼房倾倒。

图2.5 1964年日本新潟地震中液化导致房屋倾倒及出现喷砂孔

1995年1月17日发生在日本兵库县淡路岛的阪神地震所引起的地壳运动,将大阪等城市向不同方向移运了1～4 cm。阪神地震中砂土液化严重,且出现了砾石土液化现象,液化侧向扩展引起多处桩基毁坏。阪神地震中重要液化区为神户市的海岸一带及两个人工岛(港岛和六甲岛),此二岛上分布着厚厚的可液化填筑砂砾层,最大厚度20 m以上,一般为15～20 m。地下水位1.5～2.5 m,近地表的2～5 m土质较好。液化区以两个人工岛最严重,港岛液化面积达70%～80%,六甲岛约50%。神户市市区的液化地段沿海岸呈条带状。如图2.6所示,阪神地震中两个人工岛液化严重,岸堤由于液化的原因而向一侧倾倒,路面断裂、积水,车辆等陷入。

(a)　　　　　　　　　　　　　　　　　　(b)

图 2.6　1995 年日本阪神地震中液化导致岸堤倾滑和路面破坏

　　1999 年中国台湾集集地震,震中中国台湾南投县,重灾区在日月潭。这次地震是由活断层发生错动而引发的,断层附近的村镇大都被夷为平地。集集地震号称台湾百年来后果最惨重的一次地震。震害现象反映出断层与砂土液化的巨大威力。地震中砂土液化所造成的地表沉陷、侧向流动处处可见,例如雾峰乡乾溪河岸太子城堡社区因地表流动而严重滑移及倾斜。地震使伸港乡大肚溪畔农田产生喷水冒砂现象,地上有一排形似火山口的喷砂孔。此次大地震发生在台湾省西部地下水位偏高地区,砂质土壤的地区均发现喷水冒砂现象,较显著的地区有彰化县伸港乡大肚溪旁高滩,南投县猫罗溪南岸的军功里、振兴里,员林镇的仑雅、林厝、振兴、镇兴等里,雾峰的高尔夫球场,以及台中港一至四号码头。这些地点除了有许多形状类似火山口的喷砂孔外,也有房屋下陷现象。台中港一至四号码头由于建港时曾抽砂回填土,饱含水分,地震后严重液化达 9 公顷,码头路面沉陷龟裂,并产生了许多蓄水沉陷的水池。砂土液化使承载力降低或丧失,建筑物下陷或倾斜,如员林镇百果山、大里市内均有大批建筑物因砂土液化而损毁。如图 2.7 所示,液化导致码头大面积沉陷,处处可见地面开裂,呈龟裂状态,陷坑呈带状,使得跨码头桥损坏。

图 2.7　1999 年集集地震中液化导致码头龟裂和沉陷

2.4　液化场地特征

　　地震中影响场地液化的因素很多,如土层密实程度、可液化土层埋深、地下水位埋深、平均粒径等。国内与其他地区场地的特征不同,液化场地与非液化场地也有区别。

2.4.1 土层密实程度

地震中场地液化与土层密实程度密切相关。采用标贯击数指标衡量场地土层密实程度,本书所搜集的数据如表 2.5 所示,共 911 例,其中液化场地 542 例,非液化场地 369 例。国内数据中,液化场地 119 例,非液化场地 87 例,总计 206 例;其他地区数据中,液化场地 423 例,非液化场地 282 例,共计 705 例。需要强调的是汶川地震属于砂砾土液化,与其他地震场地条件不同,因此单独分析。

砂土密实程度判断是根据现场标准贯入试验标贯击数确定的,标准由南京水科所江苏水利厅给出,即松散为 $N_1 < 10$,稍密为 $10 < N_1 < 15$,中密为 $15 < N_1 < 30$,密实为 $N_1 > 30$。

表 2.5　场地土层密实程度数据统计

项目	地震数 /次	液化场地数据 /例	非液化场地数据 /例	总计 /例
国内地震	9	119	87	206
其他地区地震	37	423	282	705
总计	46	542	369	911

图 2.8 所示为国内地震液化调查数据中土层密实程度分布。由图 2.8(a) 可以看出,国内地震中,液化场地中土层密实程度为松散的场地约占 65%,稍密约占 20%,中密约占 10%,土层密实程度为密实的场地没有液化。由图 2.8(b) 可以看出,非液化场地中土层密实程度为松散的场地约占 10%,稍密约占 20%,中密约占 40%,而密实占 20% 以上。对比液化和非液化场地土层密实程度可知,国内地震中液化主要发生在土层密实程度为松散的场地上,土层密实程度为密实的场地不发生液化;而非液化场地土层密实程度多为中密和密实,二者合占 60% 以上。

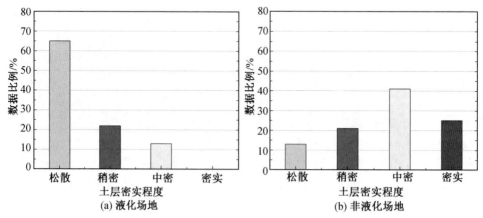

图 2.8　国内地震液化调查数据中土层密实程度分布

图 2.9 所示为其他地区地震液化调查数据中土层密实程度分布。由图 2.9(a) 可以看出,其他地区地震中,液化场地中土层密实程度为松散的场地占 80% 以上,稍密和中密所占比例均不到 10%,土层密实程度为密实的场地没有液化。由图 2.9(b) 可以看出,非液化场地中土层密实程度为松散的场地占 60% 左右,稍密和中密所占比例均小于 20%,而

密实约占 10%。其他地区地震中液化主要发生在土层密实程度为松散的场地上,土层密实程度为密实的场地不发生液化。与液化场地相比,非液化场地中土层密实程度为中密和密实的场地所占比例更大,多出约 10%。

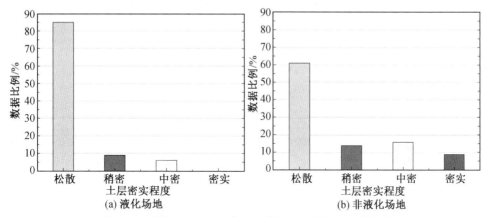

图 2.9　其他地区地震液化调查数据中土层密实程度分布

国内与其他地区地震液化调查数据中非液化场地土层密实程度对比如图 2.10 所示。国内地震液化场地与其他地区地震液化场地土层密度程度多为松散,土层密度程度为密实的场地均没有发生液化。与其他地区地震有明显不同,国内地震中非液化场地密实程度以中密和密实为主,而其他地区地震中非液化场地中土层密实程度为松散的场地占有较大比例。

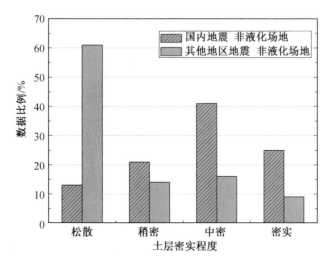

图 2.10　国内与其他地区地震液化调查数据中非液化场地土层密实程度对比

2.4.2　可液化土层埋深

工程抗震设计中,地基可液化土层的厚度和埋深是国内外一直关注的问题。表 2.6 中列出了本书所搜集的液化砂层埋深数据统计。48 次地震共计拥有可液化土层埋深资料1 255 例。就液化砂层埋深而言,国内地震数据中液化场地 120 例,非液化场地 90 例;其他地区地震数据中液化场地 553 例,非液化场地 425 例,共计 978 例;汶川地震数据中液化场地 39 例,非液化场地 28 例,共计 67 例,本书中单独分析。

表 2.6　液化砂层埋深数据统计

项目	地震数/次	液化场地数据/例	非液化场地数据/例	总计/例
国内地震	10	120	90	210
其他地区地震	37	553	425	978
汶川地震	1	39	28	67
总计	48	712	543	1 255

国内地震液化调查数据中饱和砂层埋深分布如图 2.11 所示。液化场地的饱和砂层埋深主要分布在 0 ~ 6 m 范围内,约占全部液化场地的 80% 以上,饱和砂层埋深大于 12 m 的液化场地非常少,在全部液化场地中所占比例不到 1%。非液化场地中,饱和砂层埋深大于 6 m 的场地占 50% 以上,而饱和砂层埋深在 10 m 以上的场地所占比例较液化场地大。对比图 2.11(a) 和图 2.11(b) 可知,国内地震中液化场地饱和砂层埋深主要集中在 0 ~ 6 m 范围内,而非液化场地饱和砂层埋深主要集中在 6 m 以上,且饱和砂层埋深在 10 m 以上的场地占有较大比例。

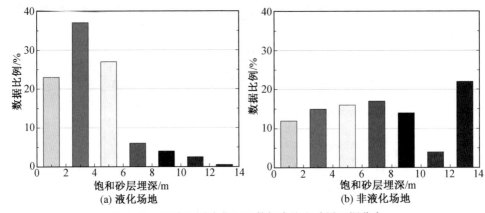

图 2.11　国内地震液化调查数据中饱和砂层埋深分布

其他地区地震液化调查数据中,液化场地饱和砂层埋深分布如图 2.12(a) 所示,饱和砂层埋深主要集中在 2 ~ 8 m 范围内,约占全部液化场地的 70%,饱和砂层埋深大于 10 m 的约占 20%;非液化场地饱和砂层埋深分布如图 2.12(b) 所示,饱和砂层埋深主要集中在 2 ~ 8 m 范围内,约占全部非液化场地的 70%,饱和砂层埋深 14 m 以下的场地所占比例明显较液化场地大。对比图 2.12(a) 和图 2.12(b) 可以看出,其他地区地震中,液化场地和非液化场地的饱和砂层埋深均集中在 2 ~ 8 m 范围内,但非液化场地饱和砂层埋深在 2 ~ 8 m 范围内的场地所占比例相对较小,同时非液化场地饱和砂层埋深最深达到 20 m,液化场地饱和砂层埋深没有超过 20 m。

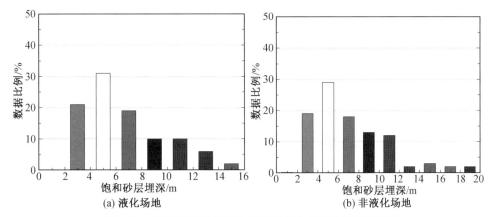

图 2.12 其他地区地震液化调查数据中饱和砂层埋深分布

将国内与其他地区地震液化调查数据中液化场地饱和砂层埋深进行对比,如图 2.13 所示,国内与其他地区地震中液化场地饱和砂层埋深范围差别主要表现在: ① 国内数据主要集中在 $0 \sim 6$ m 范围内,而其他地区数据主要集中在 $2 \sim 8$ m 范围内,$0 \sim 2$ m 范围内数据基本没有;② 国内数据基本都在 10 m 以内,而其他地区有超过10 m 的数据存在,主要源于 1995 年阪神地震和 1999 年集集地震。

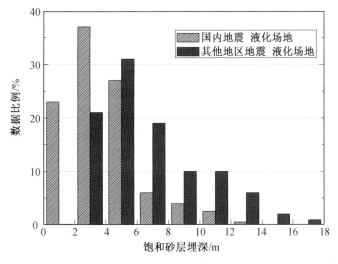

图 2.13 国内与其他地区地震液化调查数据中液化场地饱和砂层埋深对比

由于以往国际上天然沉积的砂砾土液化调查数据十分有限,不超过 10 例,因此本书对地震中砂砾土场地液化特征的认识主要来源于汶川地震。汶川地震液化调查数据中饱和砂砾层埋深分布如图 2.14 所示,可以看出,液化场地饱和砂砾层埋深较小,80% 以上集中在 $0 \sim 6$ m 范围内,在 $2 \sim 6$ m 范围内最为集中;而非液化场地饱和砂砾层埋深在 $2 \sim 10$ m 范围内分布较为均匀,但与液化场地相比,饱和砂砾层埋深大于 6 m 的场地所占比例更大,饱和砂砾层埋深在 $0 \sim 2$ m 范围内的小饱和砂砾层埋深的场地所占比例更小。

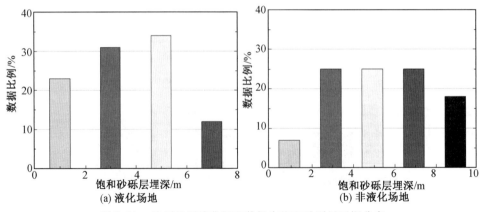

图 2.14　汶川地震液化调查数据中饱和砂砾层埋深分布

2.4.3　地下水位埋深

若砂土层位于地下水位以上的包气带中,由于空气可压缩又易于排出,此时只有因砂土体积缩小而出现的"覆陷"现象,不会液化。如果砂土位于地下水位以下的饱水带,情况就完全不同,此时砂土要变密就必须排水。地层的振动频率大约为 $1 \sim 2$ Hz,在这种急速变化的周期性荷载作用下,伴随每个振动周期产生的孔隙度瞬时减小都要求排挤出一些水,如果砂土渗透性不良,排水不通畅,砂土中应排出的水不能排出,而水又是不可压缩的,那么孔隙水必然要承受因孔隙度减小而产生的挤压力,于是就产生了超孔隙水压力。前一个周期的超孔隙水压力尚未消散,下一个周期产生的新的超孔隙水压力又叠加上来,故随振动持续时间的增长,超孔隙水压力会不断累积而增大,以至于砂土的抗剪强度降低甚至为零,完全不能承受外荷载而达到液化状态。因此,地下水位埋深是影响砂土液化的一个重要参数。

表 2.2 和表 2.4 所示的国内外地震中,液化场地与非液化场地地下水位埋深数据统计如表 2.7 所示,其中液化场地 703 例,非液化场地 537 例,共计 1 240 例。国内地震调查数据中,液化场地地下水位埋深数据 120 例,非液化场地地下水位埋深数据 89 例,共计 209 例;其他地区地震调查数据中,液化场地地下水位埋深数据 543 例,非液化场地地下水位埋深数据 384 例,共计 927 例;汶川地震调查数据中,液化场地地下水位埋深数据 40 例,非液化场地地下水位埋深数据 64 例,共计 104 例,本书中单独分析。

表 2.7　地下水位埋深数据统计

项目	地震数 / 次	液化场地数据 / 例	非液化场地数据 / 例	总计 / 例
国内地震	10	120	89	209
其他地区地震	37	543	384	927
汶川地震	1	40	64	104
总计	48	703	537	1 240

国内地震液化调查数据中地下水位埋深分布如图 2.15 所示,可见,液化场地地下水位埋深 90% 以上在 $0 \sim 3$ m 范围内,最深不超过 4 m;非液化场地地下水位埋深主要分布在 $0 \sim 3$ m 范围内,约占 75%,地下水位埋深 3 m 以下的场地所占比例明显较液化场地大,并且有地下水位埋深超过 4 m 的场地。

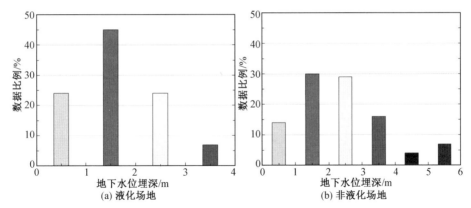

图 2.15　国内地震液化调查数据中地下水位埋深分布

其他地区地震液化调查数据中地下水位埋深分布如图 2.16 所示。其他地区地震中,液化场地地下水位埋深主要集中在 0～3 m 范围内,约占 85% 以上,且最集中的范围为 2～3 m,最深达到 7.3 m;非液化场地地下水位埋深主要集中在 1～4 m 范围内,约占 75%,且最为集中的范围为 1～2 m,地下水位埋深在 0～1 m 范围内的场地所占比例明显较液化场地小,而地下水位埋深 3 m 以下的场地所占比例明显较液化场地大,并且最大地下水位埋深达到 14.5 m。

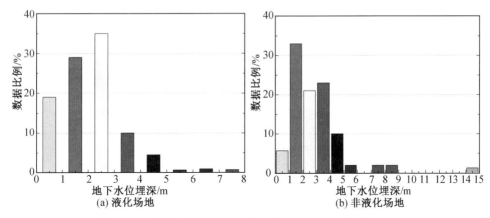

图 2.16　其他地区地震液化调查数据中地下水位埋深分布

国内与其他地区地震液化调查数据中液化场地地下水位埋深对比如图 2.17 所示。由图 2.17 可见,国内与其他地区地震液化调查数据中液化场地地下水位埋深分布较为相似,主要集中在 0～3 m 范围内,但国内数据在 1～2 m 范围内更为集中,其他地区数据则在 2～3 m 范围内更为集中,且存在大于 3 m 的案例。

汶川地震液化调查数据中地下水位埋深分布如图 2.18 所示。由图 2.18(a) 可以看出,汶川地震液化场地地下水位埋深主要集中在 3 m 以内,约占 80%,且较集中在 2～3 m 范围内;由图 2.18(b) 可以看出,非液化场地地下水位埋深在 1 m 以上分布较为平均,总体上非液化场地地下水位埋深相对较大,地下水位埋深 3 m 以下的场地所占比例明显更大。

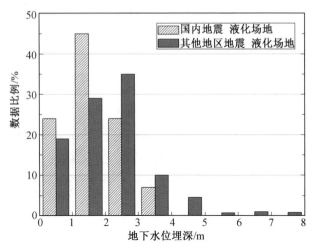

图 2.17　国内与其他地区地震液化调查数据中液化场地地下水位埋深对比

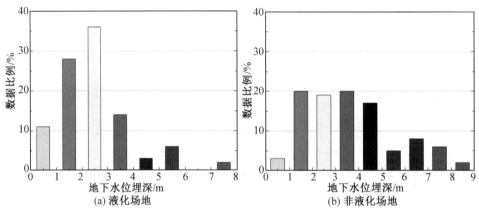

图 2.18　汶川地震液化调查数据中地下水位埋深分布

2.4.4　平均粒径

饱和砂土液化物理性质的影响因素包括许多方面,其中有颗粒级配、密度等。试验表明,不均匀系数和颗粒形状的影响不大,可以忽略不计;颗粒的粒径有一定的影响,通常取平均粒径 d_{50} 作为颗粒粒径的指标。不同类别的砂土液化难易度不同,中、细、粉砂较易液化,粉土和砂粒含量较高的砂砾也可能液化。砂土的抗液化性能与平均粒径 d_{50} 的关系密切。

以往因为液化场地实测资料有限,研究砂土的抗液化性能与平均粒径 d_{50} 的关系主要采用室内试验的方法,基本结果为易液化砂土的平均粒径为 $0.02 \sim 0.10$ mm,d_{50} 在 0.07 mm 附近时最易液化。鉴于试验室试验的种种限制,这一认识还有待现场数据的检验。

随着液化调查资料的积累,特别是 20 世纪 90 年代两次大地震中大量实际勘察数据的获取,从实际资料中获取砂土抗液化性能与平均粒径 d_{50} 的关系成为可能,但到目前为止,一直未见相关工作开展。

表 2.8 为国内外地震液化调查中饱和砂层(砂砾层)d_{50} 数据统计,共有数据 922 例,包括液化场地数据 549 例,非液化场地数据 373 例。其中,国内地震液化场地数据 52 例,非液化场地数据 31 例,共计 83 例;其他地区地震液化场地数据 479 例,非液化场地数据 337 例,共计 816 例;汶川地震液化场地数据 18 例,非液化场地数据 5 例,共计 23 例,本书中单独分析。

表 2.8 饱和砂层(砂砾层)d_{50} 数据统计

项目	地震数 / 次	液化场地数据 / 例	非液化场地数据 / 例	总计 / 例
国内地震	2	52	31	83
其他地区地震	31	479	337	816
汶川地震	1	18	5	23
总计	34	549	373	922

由表 2.2 和表 2.4 可以看出,国内地震中饱和砂层 d_{50} 数据主要来源于 1976 年唐山地震(75 例),饱和砂砾层 d_{50} 数据则来源于 2008 年汶川地震(23 例)。其他地区地震中数据主要来源于 1964 年新潟地震和 1999 年集集地震,其中新潟地震数据 80 例,集集地震数据 510 例,具体如表 2.9 所示。

表 2.9 饱和砂层(砂砾层)d_{50} 资料主要来源

地震	1964 年 新潟	1976 年 唐山	1999 年 集集	2008 年 汶川
震级	7.5	7.8	7.3	8.0
液化场地数据 / 例	64	48	301	18
非液化场地数据 / 例	16	27	209	5
小计 / 例	80	75	510	23

图 2.19 所示为 1964 年新潟地震饱和砂层 d_{50} 分布。对比图 2.19(a) 和(b)所示的液化场地和非液化场地饱和砂层平均粒径分布可以看出,1964 年新潟地震中液化场地和非液化场地饱和砂层平均粒径分布基本相同,大都在 0.15 ~ 0.2 mm 和 0.35 ~ 0.4 mm 范围内,但非液化场地中饱和砂层平均粒径在 0.35 ~ 0.4 mm 范围内的所占比例更大,液化场地和非液化场地最大饱和砂层平均粒径均可达 0.6 mm。

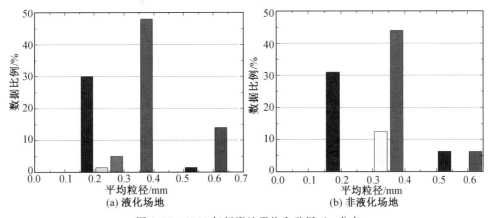

图 2.19 1964 年新潟地震饱和砂层 d_{50} 分布

1976 年唐山地震饱和砂层 d_{50} 分布如图 2.20 所示。

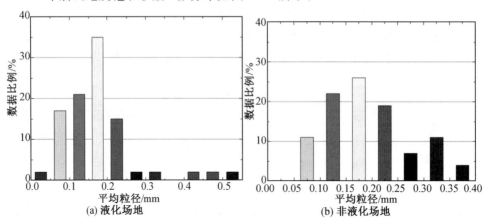

图 2.20　1976 年唐山地震饱和砂层 d_{50} 分布

由图 2.20(a) 可以看出,唐山地震中液化场地饱和砂层平均粒径分布范围为 $0 \sim$ 0.55 mm,且主要分布在 $0.05 \sim 0.25$ mm 范围内,约占 80%,并且在 $0.15 \sim 0.2$ mm 范围内最为集中。由图 2.20(b) 可以看出,唐山地震中非液化场地饱和砂层平均粒径分布范围为 $0.05 \sim 0.4$ mm,且主要分布在 $0.05 \sim 0.25$ mm 范围内,并且在 $0.15 \sim 0.2$ mm 范围内最为集中。对比液化场地与非液化场地饱和砂层平均粒径分布可以看出,唐山地震中液化场地与非液化场地饱和砂层平均粒径分布范围较为相似,均主要在 $0.05 \sim$ 0.25 mm 范围内,但非液化场地饱和砂层平均粒径在 $0.15 \sim 0.2$ mm 范围内的场地所占比例较小,$0.25 \sim 0.4$ mm 所占比例较大,液化场地饱和砂层平均粒径分布范围更大。

图 2.21 所示为 1999 年集集地震饱和砂层 d_{50} 分布。由图 2.21 可以看出,集集地震中液化场地饱和砂层平均粒径主要分布在 $0.05 \sim 0.2$ mm 范围内,且在 $0.15 \sim 0.2$ mm 范围内最为集中,最大饱和砂层粒径达 9 mm。非液化场地饱和砂层平均粒径主要分布在 $0.1 \sim 0.25$ mm 范围内,且在 $0.15 \sim 0.2$ mm 范围内集中,最大饱和砂层粒径达 4 mm。对比液化场地与非液化场地饱和砂层平均粒径分布可知,集集地震中液化场地与非液化场地饱和砂层平均粒径分布范围不同,液化场地饱和砂层平均粒径范围为 $0.05 \sim$ 0.2 mm,而非液化场地为 $0.1 \sim 0.25$ mm,且在 $0.05 \sim 0.1$ mm 范围内的场地所占比例较液化场地明显较小。在饱和砂层平均粒径 $0.05 \sim 0.1$ m 范围内的场地在液化场地中所占比例约为 15%,而在非液化场地中所占比例约为 5%,两者相差悬殊。集集地震中液化场地饱和砂层平均粒径分布范围更广。

图 2.22 所示为国内地震液化调查数据中饱和砂层 d_{50} 分布。由图 2.22 可以看出,国内地震中液化场地饱和砂层平均粒径主要分布在 $0.05 \sim 0.25$ mm 范围内,约占 90%,且在 $0.15 \sim 0.2$ mm 范围内最为集中,大于 0.25 mm 的数据明显较少,最大平均粒径为 0.53 mm。国内地震中非液化场地饱和砂层平均粒径主要分布在 $0.05 \sim 0.25$ mm 范围内,约占 80%,且在 $0.15 \sim 0.2$ mm 范围内最为集中,最大为 0.4 mm。对比液化场地与非液化场地饱和砂层平均粒径分布可以看出,国内地震中液化场地与非液化场地饱和砂层平均粒径主要分布范围相同,集中分布区间也相同,但非液化场地饱和砂层平均粒径大

于 0.2 mm 的数据所占比例较液化场地更大,液化场地饱和砂层平均粒径范围更大。

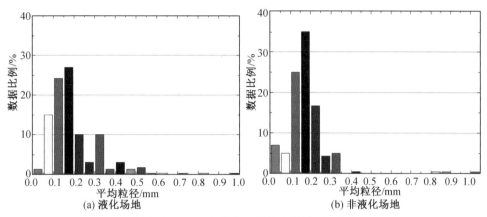

图 2.21 1999 年集集地震饱和砂层 d_{50} 分布

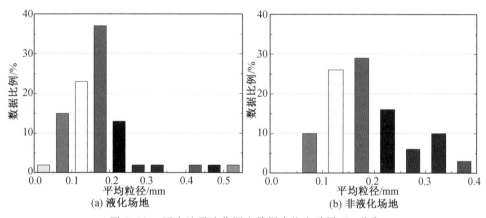

图 2.22 国内地震液化调查数据中饱和砂层 d_{50} 分布

图 2.23 所示为其他地区地震液化调查数据中饱和砂层 d_{50} 分布,可以看出,液化场地饱和砂层平均粒径主要分布在 0.05 ~ 0.2 mm 范围内,约占 55%,且在 0.15 ~ 0.2 mm 范围内最为集中,饱和砂层平均粒径在 0.3 ~ 0.4 mm 范围内的场地所占比例超过了 10%。非液化场地饱和砂层平均粒径主要分布在 0.05 ~ 0.25 mm 范围内,约占 80%,且在 0.1 ~ 0.15 mm 范围内最为集中。对比图 2.23(a) 和图 2.23(b) 可以看出,液化场地饱和砂层平均粒径小于非液化场地,且其分布范围较广。饱和砂层平均粒径在 0.05 ~ 0.1 mm 范围内的场地在非液化场地中所占比例较液化场地小,而饱和砂层平均粒径在 0.2 ~ 0.25 mm 范围内的场地在非液化场地中所占比例较液化场地大。

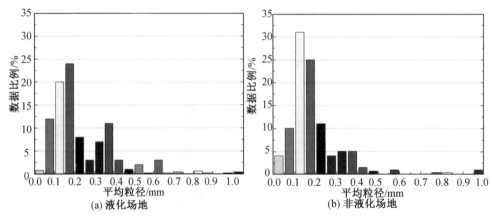

图 2.23　其他地区地震液化调查数据中饱和砂层 d_{50} 分布

国内外地震液化场地饱和砂层(砂砾层) d_{50} 分布范围对比如表 2.10 所示。4 个典型地震中除汶川地震为砂砾土液化外,其他均为砂土液化。对比发现,唐山地震和集集地震液化土类较为相似,平均粒径均在 0.075～0.25 mm 范围内,而新潟地震在 0.25～0.5 mm 范围内。对比国内外地震液化场地综合情况可发现,液化场地平均粒径范围主要集中在 0.075～0.25 mm 范围内,但其他地区地震较国内地震液化场地平均粒径大。地震中饱和砂层最易液化的砂土类型为细砂,其次为中砂,而粉砂发生液化的可能性较小。汶川地震中主要液化砂土类型为粗砂和砾砂,考察中发现最大粒径为 33.4 mm。

表 2.10　国内外地震液化场地饱和砂层(砂砾层) d_{50} 分布范围对比　　单位:mm

地震	＜0.02	0.02～0.075	0.075～0.25	0.25～0.5	0.5～2.0	＞2.0
1964 年新潟	0	0	31%	53%	16%	0
1976 年唐山	2%	8%	79%	10%	0	0
1999 年集集	0	4%	73%	18%	4%	1%
2008 年汶川	0	0	11%	11%	33%	45%
国内地震	2%	8%	81%	9%	0	0%
其他地区地震	0	2%	62%	25%	8%	3%

将国内与其他地区地震液化调查数据中液化场地饱和砂层 d_{50} 分布进行对比,结果如图 2.24 所示。从图 2.24 中可以看出,国内和其他地区地震液化场地饱和砂层平均粒径主要分布范围大致相同,均为0.05～0.25 mm,分别占总数的 90% 和 65%,最集中的范围为 0.15～0.2 mm,分别占总数的 38% 和 25%。需要特别指出的是,这一结果与以往试验室内平均粒径0.02～0.10 mm 范围内最易液化的现有认识大相径庭。

2008 年汶川地震我们获取了一些宝贵的砂砾土液化数据。表 2.11 为 2008 年汶川地震饱和砂砾层 d_{50} 数据, d_{50} 均大于 0.1 mm, d_{50} 在 0.1～0.2 mm 范围内的仅占11%, d_{50} 大于 1 mm 的占 56%,最大达 33.4 mm。汶川地震中勘察场地液化层颗粒粒径较大,非液化场地 d_{50} 均大于液化场地, d_{50} 大于 2 mm 的占 80%。

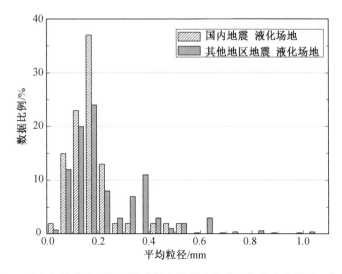

图 2.24　国内与其他地区地震液化调查数据中液化场地饱和砂层 d_{50} 分布对比

表 2.11　2008 年汶川地震饱和砂砾层 d_{50} 数据

编号	烈度	d_{50}/mm	是否液化
1	Ⅶ 度	0.51	是
2	Ⅶ 度	0.7	是
3	Ⅶ 度	0.5	是
4	Ⅶ 度	0.98	是
5	Ⅷ 度	0.32	是
6	Ⅷ 度	22	是
7	Ⅷ 度	1.54	是
8	Ⅷ 度	0.15	是
9	Ⅷ 度	12.8	是
10	Ⅷ 度	11.59	是
11	Ⅷ 度	33.4	是
12	Ⅷ 度	6.15	是
13	Ⅸ 度	30.57	是
14	Ⅸ 度	1.75	是
15	Ⅸ 度	31.5	是
16	Ⅷ 度	0.12	是
17	Ⅵ 度	0.4	是
18	Ⅷ 度	29.9	是
19	Ⅶ 度	0.6	否
20	Ⅶ 度	34.1	否
21	Ⅶ 度	10.9	否
22	Ⅶ 度	20.02	否
23	Ⅷ 度	7.9	否

2.5　本章小结

本章收集整理了国内外 48 次大地震的液化资料,并建立了场地液化资料数据库,分析了包括土层埋藏条件(可液化土层埋深、地下水位埋深)和土性(土层密实程度、平均粒径)等场地特征,剖析了国内与其他地区场地特征的差别和联系,对土层液化得到了较为全面认识和客观的认识,主要工作和结果如下。

(1)收集并整理了国内外 48 次大地震实地调查液化数据 5 210 例,含国内 1 195 例,其他地区 4 015 例,其中近期地震(20 世纪 90 年代后)2 970 例,占总数的 57%。

(2)5 210 例数据中,静力触探数据 537 例,国内 54 例,其他地区 483 例;波速数据 147 例,国内 54 例,其他地区 93 例;标贯试验数据 1 065 例,国内 347 例,其他地区 718 例;埋深数据 1 255 例,国内 277 例,其他地区 978 例;水位数据 1 240 例,国内 313 例,其他地区 927 例;d_{50} 数据 922 例,国内 106 例,其他地区 816 例。

(3)国内外液化场地数据中,土层密实程度为松散的场地占 75% 左右,土层密实程度为稍密和中密的场地占 25% 左右,土层密实程度为密实的场地没有发生液化。

(4)国内地震液化调查数据中非液化场地土层密实程度以中密和密实为主,而其他地区地震则以松散为主,占到 60%,这一差别既表明了饱和松散砂层存在不液化的可能性,也一定程度上说明了以往国内地震非液化场地数据的取法可能偏于保守。

(5)就液化场地,国内数据中饱和砂层埋深主要在 0～6 m 范围内,约占总数的 80%,在 2～4 m 范围内最为集中,10 m 以上基本没有;其他地区液化土层埋深在 2～8 m 范围内的约为总数的 70%,0～2 m 范围内基本没有,4～6 m 范围内最集中,但埋深超过 10 m 的数据占有一定比例,约占 20%。这一点是国际上深层土液化观测新的结果,而国内以往数据这方面有明显限制。

(6)就非液化场地,国内数据中饱和砂层埋深小于 6 m 的占 50%,12～14 m 范围内最为集中;其他地区数据中饱和砂层埋深主要在 2～8 m 范围内,同时大于 14 m 的场地占到 10%。

(7)就液化场地地下水位埋深而言,国内数据的 90% 在 0～3 m 范围内,在 1～2 m 范围内最为集中,最深不超过 4 m;其他地区数据的 85% 位于 0～3 m 范围内,在 2～3 m 范围内最为集中,最深达 7.3 m。

(8)就非液化场地地下水位埋深而言,国内数据的 75% 位于 0～3 m 范围内,在 1～3 m 范围内最为集中,3 m 以下的数据占有一定份额;其他地区数据的 75% 位于 1～4 m 范围内,在 1～2 m 范围内最为集中,最深达 14.5 m。

(9)唐山地震和集集地震液化土类较为相似,液化砂层平均粒径均在 0.075～0.25 mm 范围内,而新潟地震中液化砂层平均粒径在 0.25～0.5 mm 范围内。

(10)国内外地震非液化场地饱和砂层平均粒径主要分布范围基本相同,均为 0.05～0.25 mm,但国内集中于 0.15～0.2 mm,其他地区集中于 0.1～0.15 mm。

(11)国内和其他地区地震液化场地饱和砂层平均粒径主要分布范围大致相同,均为 0.05～0.25 mm,分别占总数的 90% 和 65%,最集中的范围为 0.15～0.2 mm,分别占总数的 38% 和 25%。需要特别指出的是,这一结果与以往试验室内平均粒径 0.02~0.10 mm 范围内最易液化的现有认识大相径庭。

(12) 砂砾土液化资料主要来源于 2008 年汶川地震。就液化场地而言,饱和砂砾层埋深 80% 在 0~6 m 范围内,在 4~6 m 范围内最为集中,地下水位埋深 80% 在 3 m 以下,在 2~3 m 范围内最为集中;就非液化场地而言,非液化场地饱和砂砾层埋深在 2~10 m 范围内分布较为均匀,地下水位埋深 1 m 以上分布较为平均,3 m 以下的场地所占比例明显较液化场地多。

(13) 汶川地震中主要液化土类为粗砂和砾砂,目前得到的液化场地饱和砂砾层平均粒径均大于 0.1 mm,在 0.1~0.2 mm 范围内的仅占 11%,大于 1 mm 的占 56%,最大可达 33.4 mm;非液化场地饱和砂砾层平均粒径大于液化场地饱和砂砾层,平均粒径大于 2 mm 的占 80%。

第3章　宏观液化指数与等级研究

3.1　引　　言

震害宏观调查是获取震害经验的首要途径,而采用规范的方法和统一的指标对震害现象进行调查统计,是取得震害宏观调查资料并真实全面掌握震害情况的基础。

液化问题是岩土地震工程研究的重要课题之一,历来受到国内外学者和工程界的高度重视。我国河源地震(1962年)、邢台地震(1966年)、通海地震(1970年)、海城地震(1975年)和唐山地震(1976年)中,都出现了显著的液化现象并对工程结构造成了很大震害。发现和了解这些震害现象,对发展工程抗震理论和分析方法至关重要,而对现场进行宏观调查是第一时间获取地震液化情况最重要的手段,通过对液化情况的了解可以更系统地获取液化震害资料以及工程震害经验。然而,在历次地震震害调查报告中对液化的描述较少,尽管海城地震、唐山地震、阪神地震中液化十分严重,但因以往缺乏规范调查方法和统一的描述指标,以后的研究人员对地震中液化的程度以及所造成的震害情况仅能得到不完善和片面的认识,也使后期的液化研究工作缺乏全面可靠的资料。

2008年5月12日发生的汶川特大地震是中华人民共和国成立以来破坏性最强、波及范围最大的一次地震,地震的强度、烈度都超过了唐山大地震。汶川地震后,在调查过程中发现,即便液化十分严重并造成了严重的损失,由于没有现场调查液化的指标,现场人员无法进行现场液化评估,最初现场调查结果中得出了"汶川地震中无液化现象或液化很少"的结论,初期调查结束后,中国地震局组成了专门的液化调查小组,对汶川地震液化进行了全面的宏观调查,发现事实上汶川地震中液化范围广泛,遍及成都、德阳、绵阳、乐山、眉山、遂宁、雅安等广大地区,从Ⅵ度区到Ⅺ度区均有不同程度的液化现象,有些地区甚至产生了巨大的液化震害,推翻了之前调查的结论。

结构和生命线工程的震后震害调查结果可直接应用于震害评估,这是由于已经有其现场调查标准。由于液化宏观调查并没有相应的评价标准,而且在地震后的调查中,专家组成员中从事液化调查方面的专家十分有限,因此形成一套便于调查人员参考,在现场普遍适用,并且能够让调查人员迅速掌握的方法势在必行。

基于上述现状和理念,本章将研究并提出一套宏观液化指数及等级标准,为地震后液化调查提供一个系统的、便于参考的指标,以便为震后灾害评估提供可参考的标准,也为液化研究提供全面可靠的基础资料。

3.2　宏观液化指数及标准

我国建筑规范中提出对存在液化土层的地基要进行场地液化评定,其中的一个依据是液化指数：

$$I_{LE} = \sum_{i=1}^{n} \left(1 - \frac{N_i}{N_{cri}}\right) d_i \omega_i \tag{3.1}$$

式中，I_{LE} 为液化指数；n 为在判别深度范围内钻孔标贯试验点的总数；N_i、N_{cri} 为 i 点标贯击数的实测值和临界值，当实测值大于临界值时取临界值，当只需要判别 15 m 范围以内的液化时 15 m 以下的实测值可按临界值采用；d_i 为 i 点所代表的土层厚度，可采用与该标贯试验点相邻的上、下两标贯试验点深度差的一半，但上界不高于地下水位深度，下界不深于液化深度，m；ω_i 为 i 土层单位土层厚度的层位影响权函数值，当该层中点深度不大于 5 m 时应采用 10 m^{-1}，等于 20 m 时应采用零值，5 ~ 20 m 时应按线性内插法取值，m^{-1}。

通过式(3.1)可以看出，液化指数是以调查场地的土类、级配及标贯击数等参数计算得出的，而这些参数的获取都需要通过现场及室内试验完成，用于对建筑场地的液化情况进行预测和评估，为地基处理提供一个依据，而对于地震震后液化现场的迅速评定并不适用。

在我国，结构和生命线系统震后调查中有震害指数和震害等级的划分，根据震后建筑物或构筑物的破坏情况对震害进行数字化评估，而且已经形成一套标准，并成为规范，为震后的迅速评估提供了可靠的依据。截至目前，现行的规范或者经验中并没有相应的指标来界定地震后液化宏观程度等级，现有规范中液化指数并不适用于现场宏观调查，所以本章提出了宏观液化指数的概念。

将由地震引起的宏观液化程度，包括造成的地表及其上建筑物或构筑物的损坏程度，用数字来表示，通常以 1.00 表示液化特别严重，以 0.00 表示无液化。根据实际液化的喷冒程度及地表的破坏程度，并参考场地建筑物液化破坏情况，给出 0.00 与 1.00 之间适当的数字。宏观液化指数与等级划分标准如表 3.1 所示。宏观液化指数的评定以宏观液化现象为主要依据，以液化引起的结构破坏为附加参考，根据不同的现象给出不同的指数。

表 3.1　宏观液化指数与等级划分标准

宏观液化等级	液化程度	宏观液化指数范围	宏观液化现象	液化引起的结构破坏
0 级	无	0	场地无任何喷水冒砂迹象	—
Ⅰ级	非常轻微	0.01 ~ 0.10	干硬地表无喷水冒砂现象，水田、河边、洼地有零星喷砂现象	建筑物完好，墙体裂缝不超过 1 cm，不加修理可继续使用，地基没有明显沉降
Ⅱ级	轻微	0.11 ~ 0.30	地表轻微喷冒；地表出现不大于 10 cm 的裂缝	危害性很小，墙体裂缝不超过 5 cm，建筑物轻微破坏，地基沉降小于 5 cm，需要进行维护
Ⅲ级	中等	0.31 ~ 0.60	地表中等喷冒；地表裂缝大于 10 cm 但小于 20 cm；多处出现直径小于 100 cm 的陷坑	危害性较大，造成地基不均匀沉降大于 5 cm 但不超过 20 cm；墙体出现不大于 10 cm 的裂缝，建筑物中等破坏，需要进行维修

续表3.1

宏观液化等级	液化程度	宏观液化指数范围	宏观液化现象	液化引起的结构破坏
Ⅳ级	严重	0.61～0.90	地表严重喷冒；地表开裂大于20 cm但小于50 cm；多处出现直径大于100 cm的陷坑	危害性大，地基不均匀沉降20～30 cm；墙体严重开裂，宽度大于10 cm；高重心结构产生不容许的倾斜；建筑物严重破坏，必须经过大修方能正常使用
Ⅴ级	非常严重	0.91～1.00	大范围液化引起地表形态变化；喷水成湖塘；大面积喷砂	液化引起局部区域烈度强烈异常，所在区域结构和基础设施大多丧失使用功能，需重建

注：

轻微喷冒：场地有零星喷孔，影响的范围小，基本不改变场地地表形态。

中等喷冒（一般喷冒）：喷冒点较多，喷砂覆盖的面积占了场地总面积的相当大的部分，50％以上。

严重喷冒：喷冒点密布或场地总喷砂量大，从而造成严重的地面下沉。

① 表中结构房屋分为三类：A，木构架和土、石、砖墙建造的旧式房屋；B，未经抗震设计的单层或多层砖砌体房屋；C，经抗震设计的单层或多层砖砌体房屋。对上述三种类型房屋，当建筑质量特别差或特别好以及地基特别差或特别好时，可根据具体情况，对表中的震害指数做出相应调整。

② 当震害指数值位于表中两个等级水平搭接处时，可根据其他判别指标和液化震害现象综合判定其液化震害水平。

③ 液化震害指数可以在调查区域内用普查或随机抽查的方法确定。

宏观液化指数是指从宏观方面来定义的液化的程度，用"宏观"二字区别于液化指数 L_{IE} 的概念，表明是地震后现场调查中场地宏观液化程度的评定指标。

宏观液化指数是对地震液化宏观状态的一种定量描述，它的作用是直观地反映出场地液化的严重情况，在一定程度上体现出该场地的平均液化程度，也能够反映出该场地液化引起的结构震害情况。

宏观液化指数的提出使得地震后场地的液化程度定量化，大大增加了液化程度的可描述性，有利于重点勘查点选择以及场地液化的震后评估。

3.3　宏观液化等级及标准

宏观液化等级的概念：将液化造成的地表破坏、农田破坏、房屋破坏、地基沉降等按破坏程度划分等级，从宏观上区分液化程度及其造成的破坏程度。

宏观液化等级的划分是以地震液化造成的场地地表破坏情况为主要依据的，以液化造成的建筑破坏为附加依据，是不同宏观液化指数范围内液化程度的综合反映。宏观液化等级被划分为 0～Ⅴ 六个级别，分别为：0级，无液化现象；Ⅰ级，液化程度为非常轻微；Ⅱ级，液化程度为轻微；Ⅲ级，液化程度为中等；Ⅳ级，液化程度为严重；Ⅴ级，液化程度为非常严重。不同宏观液化等级对应的宏观液化现象及宏观液化指数范围如表 3.1

所示。

宏观液化等级划分依据:地面破坏以地表沉降、开裂,液化喷冒程度及喷砂覆盖面积作为评定依据;结构的破坏以结构构件的破坏程度、功能丧失程度为主要评定依据,并考虑修复的难易程度。

从表 3.1 中可以看出,不同的宏观液化等级对应不同的宏观液化指数范围,每一级又有相应的具体的地表破坏和结构破坏宏观液化现象,细致到地表裂缝宽度、沉降大小以及结构墙体裂缝大小、地基沉降程度、修复情况等。

宏观液化等级的评定步骤:① 通过表 3.1 中所表述的宏观液化现象和液化引起的结构破坏确定宏观液化指数。评估宏观液化指数时应首先考虑场地的宏观液化现象,然后考虑液化引起的结构破坏作为附加依据。② 场地的宏观液化指数确定后参考表 3.1 中的宏观液化指数范围,确定该场地的宏观液化等级。

应用宏观液化指数以及宏观液化等级标准来评定震后场地液化的情况十分便利,它不仅具有及时性、宏观性、直观性和便捷性的特点,而且能够作为液化程度初步评判的标准,有助于迅速了解地震液化及其引起的震害情况,为震后评估提供依据。

3.4　国内地震中宏观液化指数及等级应用实例

在国内地震中,拥有详细震害数据资料的地震主要是 1976 年唐山地震、2003 年巴楚地震和 2008 年汶川地震。下面利用宏观液化指数和等级的划分标准对这些地震中液化点的液化程度进行等级划分。

由于唐山地震资料的局限性,液化现象描述详细的场地影像资料保留甚少,这是液化资料库的一大遗憾。然而,评定主要以地震现场勘查时的现场描述作为依据,因此影像资料的不完善并不影响对液化场地宏观液化指数和等级的划分,影像资料可作为评定等级与现象的直观印证。下面利用 3.2 和 3.3 节中宏观液化指数及等级划分标准分别分析上述地震场地宏观液化等级及宏观液化指数。

图 3.1 所示为 1976 年唐山地震中汉沽区杨家泊公社的液化震害。据《唐山大地震震害》第 166 页中介绍,地震后该地区沉陷 2.6 m,最深处达 3 m,在沉降区边缘部位发生宽 20 余米的裂缝带,总长约 4 km,最大宽度为 1.5 m,深为 2 m,多数裂缝宽 10 ~ 30 cm。该裂缝带呈阶梯状分布,沿裂缝有喷水冒砂,公路有翻浆现象。地震后村南一个水塘因地面上升而干涸,西北部原是高地,地震后下沉,大量塘水流入村庄,水深可行船。图 3.1(a) 所示为唐山地震中汉沽区某河,河深度为 2 m,由于砂土液化,砂土喷出河面,在河中心形成一个小岛。图 3.1(b) 所示为由于喷水冒砂塘水涌入村庄变成湖泊,原来的湖泊被喷砂所掩埋,沟壑纵横。

依据这些现象描述,评定该村宏观液化指数为 0.94,宏观液化等级为 Ⅴ 级,即液化程度为非常严重。

(a) 汉沽区某河中喷砂形成一个2 m左右的小岛

(b) 塘水涌入村庄，湖泊被砂土掩埋

图 3.1　1976 年唐山地震中汉沽区河中喷砂 ——Ⅴ 级

　　图 3.2 所示为 1976 年我国唐山地震中乐亭县王滩公社邓滩大队。村中裂缝遍布，一般宽 10 ~ 20 cm，落差 5 ~ 15 cm。大的裂缝宽达 3 m 多，中间下沉 1 m 余。裂缝所过之处，房屋破坏严重。沿村后街有一组近东西向的裂缝，宽达 3 m 多，中间局部下沉，一中型脱粒机掉入其中，下沉达 3 m。据目击者描述，地震时，这组裂缝一张一合，上下错动，张时二丈（1 丈 ＝10/3 m ≈ 3.3 m）多宽，合时仅有一尺（1 尺 ＝1/3 m ≈ 0.33 m），并大量冒水。一水井喷出水柱高达 4 m，除库房外，全村被水淹没，达几天之久。震后，村内高地变洼地，洼地变高地，河渠、沟谷被淤平。

图 3.2　1976 年唐山地震中乐亭县某河被喷砂填埋，并高出河床 ——Ⅴ 级

依据这些现象描述,评定该村宏观液化指数为 0.95,宏观液化等级为 Ⅴ 级,即液化程度为非常严重。

图 3.3 所示为 2003 年我国巴楚地震中塘巴扎 215 省道与色力布亚交接路旁农田,该处位于 Ⅶ 度区,上千米范围的农田里,见多处喷砂冒水孔,有的单个出现,有的成群出现(图3.3),其中一孔孔径为 1.2 m(图 2.3(a)),喷砂覆盖面直径为 8 m,厚 0.1 m。一些喷水孔干涸后,在孔底和周围的冒砂上可见二次喷出的小喷砂孔,大孔直径为 0.7 m,叠加小孔直径为 0.1 m(图 2.3(b))。

由于该处液化描述较少,根据液化范围及喷砂孔大小,结合宏观液化指数及等级的划分标准,评定其宏观液化指数为 0.49,宏观液化等级为 Ⅲ 级,即液化程度为中等。

图 3.3　2003 年巴楚地震中塘巴扎 215 省道与色力布亚交接路旁农田液化 —— Ⅲ 级

2008 年 5 月 12 日发生在我国四川省的汶川特大地震液化范围广泛,液化现象在烈度 Ⅵ、Ⅶ、Ⅷ、Ⅸ、Ⅹ、Ⅺ 度区内均有发现。汶川地震中收集的资料丰富,可全面、详细地描述场地宏观液化现象以及建筑物破坏情况,部分场地有影像资料,以往地震中尚未有如此详尽的资料。作者本人也参与了现场考察和资料的收集整理。汶川地震丰富的参考资料和详细的调查结果给液化场地宏观液化指数与等级划分标准的验证提供了良好的平台,具体分析如下。

图 3.4 所示为 2008 年汶川地震中彭州市丽春镇天鹅村。该村位于 Ⅷ 度区,村中仅村委会房屋内地面开裂并下沉约 2 cm。该房屋是一层砖混结构,共 3 间,1998 年修建,没有发现房屋因下沉而倾斜的迹象,如图 3.4(a) 所示,房屋地面发现有细裂缝;图 3.4(b) 显示附近民房建筑破坏相对较轻,没有倒塌房屋,房屋墙裂缝普遍。

根据当时村中喷冒情况评定该村宏观液化指数为 0.07,宏观液化等级为 Ⅰ 级,即液化程度为非常轻微。

(a) 房屋地面零星喷水冒砂伴细裂缝　　　　(b) 民房建筑完好无损

图 3.4　2008 年汶川地震中彭州市丽春镇天鹅村 ——Ⅰ级

图 3.5 所示为 2008 年汶川地震中成都市青白江区清泉镇永顺村,该村位于Ⅵ度区,村中仅农田有零星喷水冒砂现象,喷冒面积较小,但持续时间较长,约 3 h,村中民房几乎没有破坏或破坏很轻。

依据划分标准评定该村宏观液化指数为 0.08,宏观液化等级为Ⅰ级,即液化程度为非常轻微。

(a) 农田中零星喷水冒砂　　　　　　　(b) 民房建筑完好无损

图 3.5　2008 年汶川地震中成都市青白江区清泉镇永顺村 ——Ⅰ级

图 3.6 所示为 2008 年汶川地震中彭州市丽春镇保平村,该村位于Ⅶ度区,液化导致几亩农田里喷水冒砂,地震后喷孔处沉降。据村民介绍,喷砂(水)高度为 1～2 m,且含有少量直径为 2～3 cm 的卵石,持续约 0.5 h;另外当地地下水位约 3 m,且有些地方下挖1 m 可以见到含有卵石的砂土。该村位于平原地带,距离该村 100 m 位置有条小河。地震时地面(田地)出现 5～6 cm 宽的裂缝,从裂缝处喷出黄砂。仅一户民房(一层砖木结构,6 间)喷砂冒水导致房屋墙壁及地面裂缝,且发现有倾斜现象,附近其他民房未出现倒塌,只是裂缝,落瓦现象普遍。

根据当时村中喷冒情况评定该村宏观液化指数为 0.20,宏观液化等级为Ⅱ级,即液化程度为轻微。

图 3.7 所示为 2008 年汶川地震中峨眉山市桂花桥镇新联村,该村位于 Ⅵ 度区。村中有几条裂缝长约十几米,宽 5 ~ 10 cm,方向 NW260°,村中房屋没有发现明显破坏,烟囱没有倒塌现象。如图 3.7(c) 所示,一户村民房屋内墙壁发现细裂缝,宽约 2 ~ 3 cm,且有喷水冒砂时的喷冒痕迹,该民房整体完好,未见落瓦现象,如图 3.7(d) 所示。

(a) 喷水冒砂伴随地裂缝

(b) 村路路基旁喷砂

(c) 屋中墙壁有裂缝

图 3.6　2008 年汶川地震中彭州市丽春镇保平村 —— Ⅱ 级

(a) 田中零星喷水冒砂,至调查日仍在冒水

(b) 民房完好, 烟囱未倒塌

图 3.7　2008 年汶川地震中峨眉山市桂花桥镇新联村 —— Ⅱ 级

(c) 屋内有可见细裂缝

(d) 房屋完好,未见落瓦

续图 3.7

根据当时村中喷冒情况评定该村宏观液化指数为 0.18,宏观液化等级为 Ⅱ 级,即液化程度为轻微。

图 3.8 所示为 2008 年汶川地震中都江堰翠月湖镇青江村,该村位于 Ⅷ 度区。村中液化所导致的地面裂缝有多处,长 20 多米,宽度最大处约 20 cm,如图 3.8(a) 所示;房屋墙体出现大量裂缝,最宽处宽约 10 cm,室内地面也有明显裂缝,有沉降但大多不明显。如图3.8(b)所示,民房内地面和墙体均有明显开裂现象,沉降也较为明显,房屋大门因沉降和地面鼓起而无法打开。据调查,该村中液化范围内,房屋破坏均较为严重。

根据当时村中喷冒情况评定该村宏观液化指数为 0.45,宏观液化等级为 Ⅲ 级,即液化程度为中等。

图 3.9 所示为 2008 年汶川地震中绵竹市遵道镇双泉村,该村位于 Ⅸ 度区。村中约 10

亩农田均有喷砂,田中遍布喷砂物,喷出物大约有几十立方米,且多处可见裂缝,如图 3.9(a) 所示。村中道路多处发现裂缝,宽约 5 cm,且向上隆起,其中有两条裂缝最为严重,每条长约 70 m,宽 60 ~ 70 cm,方向均为 NW240°,喷出物中黏粒含量大,均穿过道路一直延伸至两旁田地,如图 3.9(b) 所示,并且液化导致的裂缝穿过房屋使其开裂。田地中有一口井,如图3.9(c) 所示,地震发生前水位为 3 m,震后水位上升至井口。

(a) 地表喷水冒砂伴随地裂缝

(b) 液化导致室内地面和墙体开裂,且有沉降,大门因沉降和地面鼓起而无法打开

图 3.8　2008 年汶川地震中都江堰翠月湖镇青江村 ——Ⅲ 级

　　根据当时村中喷冒情况评定该村宏观液化指数为 0.60,宏观液化等级为 Ⅲ 级,即液化程度为中等。

　　图 3.10 所示为 2008 年汶川地震中绵竹市孝德镇洪拱村,该村位于 Ⅷ 度区。地震时该村喷水冒砂现象普遍,初步判定整个地区在地震时均液化。据村民介绍,当地地下水位为 4 ~ 6 m,地下 3 m 处可见砂且夹杂卵石。地震时喷冒高度约 1 m,持续 2 ~ 3 min,附近有条马尾河。农田中,地震时出现裂缝,大量喷砂,震后农田下沉约 40 cm,地表下沉痕

迹明显。一村民家中,地震时喷砂冒水严重,院中有一条长 30 m,最宽处 20 cm 的地裂缝贯穿民房(一层砖木结构),导致墙壁出现裂缝且房屋下沉,成为危房,如图 3.10(b) 所示,其他房屋震害相对较轻。村民家中地震时大量喷砂,一堆喷砂在考察时还可以见到。附近居民院中不同程度错落出现裂缝,地震时喷砂(中细砂)冒水,致地面下沉 3 ～ 4 cm,一水井有隆起迹象,如图3.10(c) 所示。

(a) 田中喷水冒砂伴随地裂缝

(b) 地裂缝贯穿道路使其沉降

(c) 井中原水位3 m,震后水位升至井口

(d) 田间遍布喷出物

图 3.9　2008 年汶川地震中绵竹市遵道镇双泉村 ——Ⅲ 级

根据当时村中喷冒情况评定该村宏观液化指数为 0.63,宏观液化等级为 Ⅳ 级,即液化程度为严重。

图 3.11 所示为 2008 年汶川地震中什邡市湔氐镇龙泉村,该村位于 Ⅷ 度区。全村 2 000 多亩农田都有喷水冒砂现象,喷水高度约 10 cm。该村距离龙门山不到 500 m,地下水位为 4 m。农户院内普遍有裂缝(喷砂),屋后菌棚中见长 20 m、宽 10 cm 的裂缝,地震时喷砂,如图 3.11(a) 所示。一桥体开裂,桥头下沉 5 cm,如图 3.11(b) 所示。村中一民房,一侧为二层楼房,一侧为一层厨房,楼房设有地梁并设有圈梁,厨房未设,两侧沉降存在差异,厨房沉降 5 cm,楼房沉降 7 ～ 10 cm,在连接处产生纵向裂缝,如图 3.11(c) 所示。楼房前墙下沉 7 cm,后墙抬起12 cm,与地面相接处裂开 26 cm,基础外露,如图 3.11(d) 所示。另外,厨房内抽水机由厨房墙体支撑,现需垫一红砖(厚6 cm)才能放平。

全村破坏严重，只有一户烟囱未倒。

(a) 田中喷冒严重且出现陷坑，冒砂伴随裂缝产生

(b) 地表裂缝纵横，穿过处房屋破坏严重　　　(c) 发生明显沉降，水井隆起

图 3.10　2008 年汶川地震中绵竹市孝德镇洪拱村 —— IV 级

(a) 菌棚附近液化严重，喷出物遍布　　　(b) 喷砂使得路面与桥头搭接处下沉

图 3.11　2008 年汶川地震中什邡市湔氏镇龙泉村 —— IV 级

(c) 裂缝纵横穿过处房屋破坏严重，屋前墙下沉

(d) 屋后墙体地基开裂，后墙抬起

续图 3.11

　　根据当时村中喷冒情况评定该村宏观液化指数为 0.68，宏观液化等级为 Ⅳ 级，即液化程度为严重。

　　图 3.12 所示为 2008 年汶川地震中德阳市旌阳区柏隆镇松柏村，该村位于 Ⅷ 度区。该村南北向长 7 km，宽 3 km，都有不同程度的液化破坏现象。调查中发现田地中、村中遍布地裂缝，且被液化喷出物覆盖。液化引起裂缝，导致民房倒塌，部分房屋基础附近出现陷坑。图 3.12 显示液化引起裂缝穿村而过，裂缝宽约 15 cm，所过之处房屋倒塌严重。

　　根据当时村中喷冒情况评定该村宏观液化指数为 0.92，宏观液化等级为 Ⅴ 级，即液化程度为非常严重。

图 3.12　2008 年汶川地震中德阳市旌阳区柏隆镇松柏村 ——Ⅴ级

　　图 3.13 所示为 2008 年汶川地震中绵竹市板桥镇板桥学校附近区域,该区域位于 Ⅷ度区,坐落在板桥镇上距离河岸约 200 m 处。调查发现长 3 km、宽 300～500 m 的带状范围内(斜穿河流)有不同程度的液化破坏现象。板桥学校、旁边板桥幼儿园液化规模较大,操场、道路均被 3～5 cm 厚的浅黄色细砂掩盖,如图 3.13(a)所示。河岸 100～200 m 范围内裂缝纵横,河岸横向侧移 20～30 cm,下沉 30～50 cm,河岸上路面均翻起,毁坏严重,如图 3.13(b)所示。板桥学校主教学楼为 3 层框架结构,采用浅基础,基础深为 2 m。砂土液化导致该教学楼发生沉降,沉降最大深度为 15 cm,且发生倾斜,如图 3.13(c)所示,墙体开裂十分严重。该教学楼在震后已不能使用,现已经拆除重建。板桥幼儿园破坏严重,教室、活动室外承重墙裂缝纵横,教室内喷出物厚度 2～3 cm,如图 3.13(d)所示。如图 3.13(e)所示,板桥幼儿园由于破坏严重,已在原址重建。液化带附近民房大多受到喷水冒砂影响,致使外墙布满贯穿裂缝,以致大部分民房无法继续使用,裂缝横穿农田,越过河流,绵延百余米,喷出物遍地,如图 3.13(f)和(g)所示。

　　根据当时村中喷冒情况评定该村宏观液化指数为 0.94,宏观液化等级为 Ⅴ级,即液化程度为非常严重。

(a) 校园内黄砂遍地，裂缝纵横　　　(b) 道路损坏，路面翻起，跨河桥损坏，喷出物遍布

(c) 裂缝穿过教学楼，使其破坏严重，无法继续使用

(d) 裂缝穿过幼儿园教学楼，使其破坏严重　　　(e) 幼儿园重建通知

图 3.13　2008 年汶川地震中绵竹市板桥镇板桥学校附近区域——Ⅴ级

(f) 裂缝穿过农田,使其无法种植　　　　　(g) 裂缝贯穿附近民房,使其破坏严重

续图 3.13

3.5　国外地震中宏观液化指数及等级应用实例

虽然宏观液化等级的划分标准是基于我国地震液化场地实际喷冒状况和破坏程度制定的,但也适用于其他国家和地区的地震。对于国外发生的地震,利用宏观液化指数和宏观液化等级的划分标准进行液化场地评价的实例如下。

如图 3.14 所示,1995 年日本阪神地震中,液化严重区域主要是 Port 岛和 Rokko 岛两个人工岛屿以及 Kobe 港口的多数码头区域,其中 Port 岛和 Rokko 岛的液化震害最为严重,主要是液化侧移以及液化引起的地面沉降。岛内地面大面积被喷水冒砂覆盖,Port 岛喷砂厚度约为 0.5 m,如图 3.14(a) 所示。液化导致 Rokko 岛和 Port 岛内地面最大沉降约为 1 m,全岛平均沉降约为 0.5 m,如图 3.14(b) 所示。在近海码头港口,发生液化侧移现象,平均侧移量为 2 ~ 3 m,导致码头护堤以及建筑设施破坏,如图 3.14(c) 和(d) 所示。

根据宏观液化指数及等级的划分标准评定 Port 岛和 Rokko 岛的宏观液化指数为 0.95,宏观液化等级为 Ⅴ 级,即液化程度为非常严重。

(a) Port岛内地面被0.5 m厚的喷砂覆盖　　　　　(b) Port岛内液化导致的地面沉降

图 3.14　1995 年阪神地震中 Pork 岛和 Rokko 岛液化 ——Ⅴ 级

(c) Rokko岛液化侧移导致的破坏　　　　　　　(d) Port岛液化侧移导致的破坏

续图 3.14

如图 3.15 所示,2011 年新西兰 Christchurch 地震中市区地表破裂变形严重,液化及其震害现象突出,大量建筑倒塌,基础设施破坏严重,受到广泛关注。该地震中,市中心东侧约 50 km² 的范围内震后都出现液化现象,砂土覆盖面积所占比例达 70% ～ 80%。日本岩土工程协会调查团团长、东京电机大学教授安田进表示,此次地震中 Christchurch 市液化所喷到地表的砂量,是日本岩土工程协会自 1978 年开始对液态化现象进行观测以来,最多的一次。

Christchurch 市区内 80% 的区域喷水冒砂,所喷冒的砂、水淹没了几个街区,如图 3.15(a) 和(b) 所示,部分地区喷出的砂土堆积了约 50 cm,淹没了车辆、建筑物和农场。砂土液化同时引起包括 CTV 大楼在内的 10 000 余栋建筑和大量基础设施破坏(图 3.15(d))。部分地区虽然有些民用房屋仅倾斜了 0.7°,但已经无法入住。一些自来水设施也下沉了约 7 ～ 9 cm。市区东南约 5 km 处,地表向西南方向偏移了约 40 cm,市中心也出现了十几厘米的位移,在周边地区还观测到了地震时液化现象导致的地表变形,地表不均匀永久变形导致城区道路被破坏。关于新西兰 Christchurch 地震液化在本书第 7 章中有较详尽的描述。

根据宏观液化指数及等级的划分标准评定市区宏观液化指数为 0.96,宏观液化等级为 V 级,即液化程度为非常严重。

本章建立的宏观液化指数和宏观液化等级划分标准对于快速评估地震液化及震害具有指导意义。标准中现象描述包括喷水冒砂、地裂缝、沉陷、侧移以及液化导致的建筑物破坏等,使得地震液化调查有章可循。由以上评估实例可以看出,宏观液化指数及等级可用于快速判断场地的液化程度。通过对场地震后液化程度的判定,能够直观了解每一个液化场地的液化情况,有助于震后灾害评估,提高震后调查的效率。而且,对 1976 年唐山地震、1995 年阪神地震、2003 年巴楚地震、2008 年汶川地震和 2010 年新西兰 Christchurch 地震等国内外地震实例的分析也可证明本章建立的宏观液化等级划分标准的可行性,与目前的认识吻合。

(a) 液化喷出物淹没街区、车辆

(b) 液化喷出物淹没房屋

(c) Canterbury大学学生在清理路边喷砂

(d) 液化导致CTV大楼倒塌

图 3.15　2011 年新西兰 Christchurch 地震中市区液化 ——Ⅴ 级

3.6　本章小结

本章通过对汶川地震实际液化考察过程中遇到的问题进行思考,以及参考结构和生命线工程震后调查和震害评估的经验,提出了宏观液化指数和宏观液化等级的概念及划分标准,为震后液化调查提供了一套便于参考的指标,为震害评估提供了标准和依据,也为液化研究积累可靠全面的基础资料提供了必要的手段。

本章工作和结果归纳如下。

(1)鉴于震害调查工作的需求和现有规范的缺欠,根据汶川地震震后液化考察的实际经验,提出了宏观液化指数和宏观液化等级的概念。

(2)提出了宏观液化指数的具体定义及划分标准,根据液化喷冒以及地表破坏程度,参考场地建筑物液化破坏的情况,用 0.00～1.00 范围内的数字来表示不同的液化程度和液化震害情况,将地震宏观液化程度定量化。

(3)提出了宏观液化等级的定义及划分标准,将宏观液化等级分为“无”“非常轻微”“轻微”“中等”“严重”和“非常严重”六个等级,给出了场地宏观液化等级评定方法及步骤。

(4)根据提出的宏观液化指数和宏观液化等级划分标准,分析了 1976 年我国唐山地震、2003 年我国巴楚地震、2008 年我国汶川地震、1995 年日本阪神地震和 2011 年新西兰 Christchurch 地震中的液化震害实例,表明本书所提出的宏观液化指数和宏观液化等级划分标准具有可行性。

第4章　汶川地震液化震害分析

4.1　引　　言

2008年5月12日发生在我国四川省的Ms 8.0级地震,是中华人民共和国成立以来最大的一次地震,仅重灾区面积就超过100 000 km²,给人民生命和财产都造成了巨大的损失。经调查,汶川地震中液化也是中华人民共和国成立以来涉及范围最大的一次,液化震害影响对象涵盖了农田、民房、学校、火车站、道路和桥梁,液化震害明显,液化资料十分丰富。

本章根据从中国地震局获取的详细液化调查资料,利用上一章提出的宏观液化指数和等级的划分方法,对汶川地震中液化震害进行更深入的研究,给出汶川地震宏观液化等级的分布及具体案例,同时利用震害调查资料分析研究液化与非液化场地震害程度对比、宏观液化指数与地震动的关系。

4.2　汶川地震液化情况简介

汶川Ms 8.0级特大地震震后液化调查发现,此次地震中液化范围广,液化现象在Ⅵ、Ⅶ、Ⅷ、Ⅸ、Ⅹ、Ⅺ度区内均有发现,涵盖成都、德阳、绵阳等9个地区。东部最远至遂宁市安居区,距离震中约210 km;南到雅安市汉源县,距离震中约200 km;北至甘肃省陇南市,距离震中约280 km。

震后中国地震局成立了汶川Ms 8.0级特大地震科学考察组,作者本人加入了场地震害调查组,对地震液化及震害进行现场调查及勘察,以镇(乡)为单位进行实地排查,调查区域基本涵盖了液化可能发生的地区,获得了第一手的液化及其震害调查资料,并发现了较多新的液化现象,对本次地震液化宏观现象、分布规律、液化范围及规模等有了较为完整的认识。

实地考察共发现146个液化点(带)。所谓点(带)以村为单位,即使某一村庄出现很多液化及房屋破坏,这里也以一个点计算,液化点间隔至少2 km。此次地震的液化震害现象包括喷砂冒水、地表裂缝、地面沉降等,不仅对农田及各种建筑物造成了较大破坏,许多村庄的水井也出现了喷水冒砂现象,也导致水井废弃,给居民带来饮水问题。

4.3　汶川地震宏观液化等级分布

本书对调查的146个液化点进行筛选,选取了其中基础资料全面、场地宏观液化现象有详细描述、建筑物有具体破坏描述的点,共计91个。调查资料中包括各液化区和附近非液化区现象的具体描述。

下面利用上一章提出的宏观液化指数和等级的划分方法,应用到每个液化点,得出汶川地震宏观液化等级分布情况。

汶川地震中Ⅰ～Ⅴ级宏观液化等级均有出现,其中德阳地区是液化最重的地区。绵阳地区宏观液化等级为Ⅲ级,即液化程度为中等;德阳地区宏观液化等级主要为Ⅲ～Ⅳ级,即液化程度为中等至严重;成都地区宏观液化等级主要为Ⅱ～Ⅲ级,即液化程度为轻微至中等。德阳地区和成都地区宏观液化等级分布呈现较为明显的两个带状。德阳地区分为严重带和中等带,成都地区分为轻微带和中等带,并且这两个地区中,两个不同宏观液化等级带均以河流为界。

按本书分析结果,德阳地区液化程度最重,可细分为两个等级;成都地区液化程度最轻,也可细分为两个等级。所以,与初步液化考察结果相比,本书利用宏观液化指数和宏观液化等级划分标准给出的结果更细致,更全面。

汶川地震中三个主要液化区为成都地区、德阳地区、绵阳地区,如图4.1所示。成都地区调查到38个液化点,德阳地区46个,绵阳地区22个。按各地区液化点的个数判断,德阳地区液化最为严重,成都地区次之,绵阳地区最轻。图4.2所示为各地区宏观液化指数均值,成都地区宏观液化指数均值为0.32,对应液化程度为中等;德阳地区宏观液化指数均值为0.53,对应液化程度为中等;绵阳地区宏观液化指数均值为0.45,对应液化程度为中等;其他地区宏观液化指数均值为0.14,对应液化程度为轻微。按照宏观液化指数和等级的划分标准,汶川地震中液化发生的主要地区是成都地区、德阳地区和绵阳地区,其中德阳地区在三个主要地区中液化程度最重,绵阳地区次之,成都地区最轻。

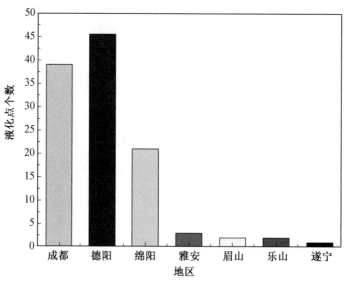

图4.1 各地区液化点个数分布

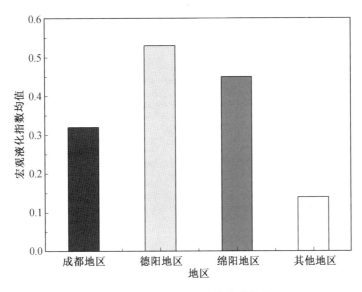

图 4.2　各地区宏观液化指数均值

4.3.1　成都地区宏观液化等级及典型案例

对于液化程度最轻的成都地区,液化点宏观液化指数及等级如表 4.1 所示。表 4.1 给出了成都地区各个液化点的地点、地面破坏、结构破坏,以及烈度、宏观液化指数和宏观液化等级。其中,液化点的地面破坏、结构破坏和烈度均为地震后实际科学考察结果。

如表 4.1 所示,汶川地震中成都地区液化及震害描述细致的场地共计 30 个,液化点分布于 Ⅵ、Ⅶ、Ⅷ 度区,受到液化影响的包括农田、民房、道路、桥梁和工厂,造成的液化震害形式多样,喷砂伴随地裂缝的产生。最大宏观液化指数为 0.65,对应液化程度为严重。宏观液化等级为 Ⅳ 级的液化点有 3 个,超过 40% 的液化点宏观液化等级为 Ⅲ 级,对应液化程度为中等。

成都地区按宏观液化等级分为 Ⅱ 级区和 Ⅲ 级区,二者由岷江隔开。Ⅱ 级区内液化点明显少于 Ⅲ 级区,且该区域内液化以彭州地区为主;Ⅲ 级区内液化点相对密集,以都江堰地区最典型。

成都地区液化点宏观液化等级从 Ⅰ 级到 Ⅳ 级均有出现,下面列举成都地区代表性液化场地及其宏观液化等级分析。

图 4.3 所示为崇州市崇平镇全兴村,该村位于 Ⅶ 度区。村中农田有冒水现象,含有少量细砂,全村喷砂孔较少,房屋无明显震害。依据宏观液化现象,判断该液化场地宏观液化指数为 0.05,宏观液化等级为 Ⅰ 级,即液化程度为非常轻微。

表 4.1 成都地区液化点宏观液化指数及等级

编号	地点	地面破坏	结构破坏	烈度	宏观液化指数	宏观液化等级
CD-01	成都市郫县唐昌镇金星村七组	液化孔在几十亩范围内零星分布，其中单孔面积约 2 m²，喷砂量约 0.5 m³；道路地面隆起约 15 cm	一砖砌体房屋，院内水泥路面开裂，喷水，砖房完全倒塌；砖木结构房屋有 3~5 cm 裂缝、沉降 15 cm，倾斜	Ⅶ度	0.30	Ⅱ级
CD-02	成都市都江堰市聚源镇龙泉村	村中一处 2~3 cm 厚的水泥路面隆起约 10 cm，震后水田漏水	房屋开裂现象	Ⅷ度	0.20	Ⅱ级
CD-03	成都市都江堰市聚源镇泉水村	喷出砂层厚约 5 cm，宽约 30 cm；有裂缝长约 10 m，宽 2~3 cm 的裂缝穿越水泥路面，民居	房屋有下沉现象	Ⅷ度	0.20	Ⅱ级
CD-04	成都市彭州市桂花镇龙桥村七组	50 亩稻田不同程度喷砂，单孔砂量少；地裂缝发育，裂缝长 5~10 m，宽 2~3 cm	该村 40%~50% 的砖房倒塌，安龙桥一桥墩发生侧移，下沉现象；桥墩基础下沉 5 cm 左右，堤岸下沉 10~20 cm，侧移 20~30 cm	Ⅷ度	0.55	Ⅲ级
CD-05	成都市新都区清流镇三尺村	裂缝长 100 m，宽 10 cm，方向 NE75°；农田约 20 亩液化，长约 100 m 地裂缝穿过	房屋有轻微开裂现象	Ⅶ度	0.15	Ⅱ级
CD-06	成都市新都区清流镇均田村	水井中喷水约 6~7 m 高，较强烈，持续时间较长，约 3 h，有大量纯砂喷出	无	Ⅶ度	0.10	Ⅰ级
CD-07	成都市青白江区清泉镇永顺村	农田有冒砂冒水现象，喷砂冒水，面积较小	房子几乎没有破坏或破坏很轻	Ⅶ度	0.10	Ⅰ级
CD-08	成都市新都区龙桥镇肖家村六组	农田有喷砂冒水现象，喷砂孔较少	烟囱一百户只有几户掉落，震害较轻	Ⅵ度	0.08	Ⅰ级
CD-09	崇州市崇平镇全兴村	农田有冒水现象，有少量细砂	附近震害轻	Ⅶ度	0.05	Ⅰ级
CD-10	崇州市观胜镇联义村	一农户厨房，水井口喷砂面积 2~3 m²，喷砂量 0.5 m³；农田 300 m² 范围内均有大量喷砂	村民房屋（1985 年修建）纵（后）墙有贯穿裂缝，最大宽有 10 cm，不均匀沉降，最大沉降量 8 cm。附近房屋墙面均有类似裂缝	Ⅶ度	0.50	Ⅲ级

续表4.1

编号	地点	地面破坏	结构破坏	烈度	宏观液化指数	宏观液化等级
CD-11	都江堰市石羊镇红花村十组	液化带状分布,面积约5 000 m²,农田出现深1.5 m大坑	液化带地面裂缝交错,墙面出现大量裂缝,一户房屋背后地面面沉陷约2 cm;一间屋子出现明显漏斗沉陷。村中大部分院子和房子出现裂缝且沉陷,平均下沉约3 cm,山墙不均匀沉陷5 cm	Ⅷ度	0.55	Ⅲ级
CD-12	都江堰市石羊镇金花村十四组	液化面积估计200 m²,喷砂冒水导致地面开裂	40%以上房屋出现山墙不均匀沉陷导致倾斜	Ⅷ度	0.35	Ⅲ级
CD-13	都江堰市翠月湖镇民兴村十一组	农田喷砂冒水,导致农田多处出现裂缝,面积3~5亩	无明显震害	Ⅷ度	0.02	Ⅰ级
CD-14	都江堰市翠月湖镇青江村六组	液化致地面裂缝,长20多米,最宽处约20 cm	房屋墙体出现大量裂缝,最宽处宽10 cm,有沉降但大多不明显。液化范围内,房屋破坏均较为严重	Ⅷ度	0.45	Ⅲ级
CD-16	成都市温江区寿安镇喻庙社区	村内液化范围约5亩,造成地裂缝长2~3 m,宽3~5 cm	村内房屋脊瓦掉落多,裂缝穿过房屋,造成房屋不均匀沉降,且房屋开裂	Ⅵ度	0.50	Ⅲ级
CD-17	都江堰市幸福镇永寿村	地裂缝长200 m,宽3 cm,方向NW280°	村内一般院内墙与外墙交接处裂缝严重,烟囱侧壁墙掉落,房屋出现明显沉降和沉降一两层楼,墙外移2 cm,与柱子交接处混凝土地面下沉2 cm,屋后墙裂缝	Ⅷ度	0.65	Ⅳ级
CD-18	成都市大邑县晋原镇揭沟村	发现农田大面积液化现象,面积约2 500 m²	房屋基本上为一层砖木结构)破坏较轻,局部发现倒塌	Ⅶ度	0.13	Ⅱ级
CD-19	都江堰市蒲阳镇双槐村七组	大面积液化,且伴随裂缝约2 m长	房屋有所破坏	Ⅷ度	0.25	Ⅱ级
CD-20	都江堰市玉唐镇玉唐中学	学校操场一角跑道旁有喷砂,裂缝长10 m,宽10 cm	无结构破坏	Ⅷ度	0.07	Ⅰ级

续表4.1

编号	地点	地面破坏	结构破坏	烈度	宏观液化指数	宏观液化等级
CD-21	都江堰市中兴镇中兴中学	有较少量地裂缝	学校食堂（一层砖混结构）和两栋女生宿舍楼（三层框架结构）地震时发生喷砂冒水导致房屋沉降，沉降量约3 cm。教学楼一层走廊装饰塑钢窗由于房屋沉降普遍挤压变形。公寓内走廊出现大量裂纹（新盖两个月，未使用）	Ⅷ度	0.48	Ⅲ级
CD-22	都江堰市中兴镇饶镇线公路	路基向排水沟侧移约10 cm，最大处16 cm，排水沟底面明显隆起；中兴镇饶镇线公路裂缝，路面出现约300 m，最宽处40 cm的大裂缝		Ⅷ度	0.40	Ⅲ级
CD-23	都江堰市青城山镇	发生大面积液化，喷砂冒水严重，一村民家地面裂缝，隆起约2 cm	一村民家楼房有轻轻微沉降	Ⅷ度	0.35	Ⅲ级
CD-24	彭州市春城镇平村五组	液化面积为几亩，地面（田地）出现5~6 cm宽的裂缝，从裂缝处喷出黄砂	一民房（一层砖木结构，6间）中出现喷砂冒水现象，导致房屋墙壁地面大范围裂缝，置地面裂缝严重，且发现有倾斜，房未出现倒塌，只是裂缝，落瓦现象普遍	Ⅶ度	0.20	Ⅱ级
CD-25	彭州市丽春镇天鹅村		村委会房屋（一层砖混结构，共3间，1998年修建）内地面开裂并下沉约2 cm，没有发现房屋因下沉而倾斜的迹象，附近民房建筑破坏相对较轻，没有房屋倒塌，房屋墙裂缝普遍	Ⅶ度	0.07	Ⅰ级
CD-27	彭州市红岩镇梨花村十二组农家水井处	大地震时有黄色泥浆水从井盖缝中溢出，并覆盖了整个院子，大概50 m²		Ⅷ度	0.45	Ⅲ级

续表 4.1

编号	地点	地面破坏	结构破坏	烈度	宏观液化指数	宏观液化等级
CD-28	彭州市红岩镇梨花村十二组—农田	农田出现裂缝，长 20 m，宽 20 cm，方向 N100°，喷砂后裂缝一边沉降 15 cm	全村的烟囱几乎全部掉落	Ⅷ度	0.08	Ⅰ级
CD-29	彭州市葛仙山镇熙玉村—梨园	整个梨园都有喷砂，覆盖面积大，有 5～10 cm 厚；农田里有裂缝，长 200 m，宽 20 cm，方向 N10°；旁边道路有震断，路断开有错动	当地震害重，房屋大量倒塌	Ⅷ度	0.5	Ⅳ级
CD-34	都江堰市拉法基水泥厂	绿化带一侧下沉约 20 cm，裂缝最大处宽约 40 cm，长约 100 m，深约 50 cm；人行道地砖开裂、隆起、下沉，有喷砂		Ⅷ度	0.65	Ⅳ级
CD-37	成都市青白江区龙王镇红树村	裂缝长 300 m，宽 10 cm，方向 NW230°，喷砂为浅黄黄色细砂（夹杂少量黑砂）	几处房屋外墙有宽约 2 cm 的裂缝	Ⅵ度	0.25	Ⅱ级
CD-38	成都市青白江区龙王镇泰山村	农田中有直径 20 cm 的喷孔，沿江西河呈带状分布	村中房屋均有轻微破坏	Ⅵ度	0.25	Ⅱ级

图 4.3 崇州市崇平镇全兴村 —— Ⅰ 级

图 4.4 所示为成都市青白江区龙王镇红树村，该村位于 Ⅵ 度区内。液化发生在河漫滩附近，并产生裂缝，长 300 m，宽 10 cm，方向 NW230°，喷砂为浅黄色细砂，夹杂少量黑砂，如图 4.4(a) 所示。村中房屋震害较轻，几处房屋外墙发生宽约 2 cm 的裂缝，其他民房破坏较微或者没有破坏。依据宏观液化现象，判断该液化场地宏观液化指数为 0.25，宏观液化等级为 Ⅱ 级，即液化程度为轻微。

(a) 液化喷砂处

(b) 附近民房完好

图 4.4 成都市青白江区龙王镇红树村 —— Ⅱ 级

图 4.5 所示为崇州市观胜镇联义村，该村位于 Ⅶ 度区内。村中民房周围和农田中地震时喷水冒砂，喷冒总面积约 300 m²。如图 4.5(a) 所示，一农户院子水泥地面由于液化出现多处横纵裂缝，地震时有浅黄色细砂从裂缝中喷出，该户房屋后墙因发生液化而产生贯穿裂缝，最宽处有 10 cm，该民房附近同类房屋也产生了类似的破坏，并且发生不均匀沉降，最大沉降量约 8 cm。依据宏观液化现象，判断该液化场地宏观液化指数为 0.50，宏观液化等级为 Ⅲ 级，即液化程度为中等。

图 4.6 所示为都江堰市拉法基水泥厂，该厂位于 Ⅷ 度区内。厂内地震时发生喷水冒砂。水泥路基开裂 20 cm；人行道处可见地砖开裂、隆起、下沉，且沿裂缝处喷出浅黄色和灰黄色细砂，如图 4.6(a) 所示；厂内绿化带处地表破坏严重，液化引起的地裂缝长约 100 m，最大处宽约 40 cm，深约 50 cm，一侧下沉约 20 cm 并产生侧移，如图 4.6(b) 所

示。依据宏观液化现象,判断该液化场地宏观液化指数为 0.65,宏观液化等级为 Ⅳ 级,即液化程度为严重。

(a) 院中液化裂缝处喷砂　　　　　　　　(b) 液化并产生沉降

图 4.5　崇州市观胜镇联义村 ——Ⅲ 级

(a) 人行道裂缝处喷砂　　　　　　　　(b) 绿化带裂缝并产生侧移

图 4.6　都江堰市拉法基水泥厂 ——Ⅳ 级

4.3.2　德阳地区宏观液化等级及典型案例

德阳地区是汶川地震中液化及震害最严重的地区,液化震害形式多样,包括农田和房屋基础开裂及(不均匀)沉降、地面裂缝等。德阳地区液化点宏观液化指数及等级如表 4.2 所示。表 4.2 中列出了德阳地区各个液化点的地点、地面破坏、结构破坏、烈度、宏观液化指数及宏观液化等级。

德阳地区液化及震害描述细致的场地共计 43 个,液化点分布于 Ⅶ、Ⅷ、Ⅸ 度区,液化点宏观液化等级从 Ⅰ 级到 Ⅴ 级均有出现,液化程度从非常轻微到非常严重均有出现,其中宏观液化等级为 Ⅲ 级的约占德阳地区全部液化点的 47%,为 Ⅳ 级的约占 35%,宏观液化等级为 Ⅴ 级的场地有三个,分别为绵竹市拱兴镇祥柳村、德阳市旌阳区柏隆镇松柏村和绵竹市板桥镇板桥学校附近区域,宏观液化指数最大为 0.94。汶川地震液化给德阳地区造成了巨大的损失。从表 4.2 中场地液化描述情况来看,德阳地区液化十分严重,造成的震害明显,喷砂面积及喷砂量也相对较大。

表 4.2　德阳地区液化点宏观液化指数及等级

编号	地点	地面破坏	结构破坏	烈度	宏观液化指数	宏观液化等级
DY-01	什邡市南泉镇金桂村艾迪家具厂（距离河坝较近）	周边田地有较大范围喷砂冒水砂土液化现象	自建 400 m² 厂房损毁，并遍布喷砂冒水点，地面严重开裂，最大裂缝宽度超过 10 cm	Ⅶ度	0.38	Ⅲ级
DY-02	绵竹市兴隆镇安仁村	70 多口井不同程度被填埋，地面裂缝 50～100 m 长		Ⅸ度	0.70	Ⅳ级
DY-03	绵竹市拱星镇祥柳村	方圆 300 亩范围内均有喷砂冒水现象，直径 3～4 m，深 1～2 m 坑陷 7～8 处，喷高约10 m	村中房屋倒塌严重，随处可见喷出物	Ⅷ度	0.91	Ⅴ级
DY-04	德阳富新镇永丰村二组	10 亩稻田不同程度喷砂，裂缝长 50～100 m，宽 10～20 cm		Ⅷ度	0.68	Ⅳ级
DY-05	绵竹市富新镇杜家村四组	喷砂量 2～3 m³，裂缝长约 20 cm，宽约 5 cm	民房屋脊、烟囱折断，结构无明显破坏	Ⅷ度	0.12	Ⅱ级
DY-06	德阳市旌阳区柏隆镇松柏村	南北向长 7 km，宽 3 km 范围内，都有不同程度的液化破坏现象	裂缝穿过处一层民房完全倒塌，全村 30%～40% 民房倒塌。一房屋基础出现一大陷坑，室内地面下沉约 5 cm，隆起处 10～20 cm，墙体开裂	Ⅷ度	0.92	Ⅴ级
DY-07	德阳市旌阳区德新镇胜利村	南北向六七户喷砂冒水	室内居室浅黄色细砂，基础无变化	Ⅷ度	0.65	Ⅳ级
DY-08	绵竹市板桥镇兴隆村三组	4 亩池塘田埂喷砂，地面裂缝纵横，龙昌河方向侧移	6 户民居室内喷黄色细砂，喷砂厚 5～10 cm，地面错位 10～20 cm，水塔完全倒塌	Ⅷ度	0.80	Ⅳ级
DY-09	绵竹市板桥镇板桥学校附近区域	长 3 km，宽 300～500 m 的带状范围内（斜穿河流）有不同程度的液化破坏现象，一些喷孔处出现塌陷。规模较大。操场、道路被厚 3～5 cm 的浅黄色细砂掩盖。河岸 100～200 m 范围内裂缝纵横侧移 20～30 cm，下沉 30～50 cm	3 层教学楼采用浅基础，基础深 2 m，沉降最大 15 cm，倾斜，但墙体开裂严重，不能使用，现已拆除重建。板桥幼儿园破坏严重，教室、活动室外重墙裂缝纵黄，教室内喷出物厚 2～3 cm。附近民房大多数外墙布满贯穿裂缝，喷出物遍地	Ⅷ度	0.94	Ⅴ级

续表 4.2

编号	地点	地面破坏	结构破坏	烈度	宏观液化指数	宏观液化等级
DY-10	绵竹市土门镇林堰村	水田喷砂并开裂,裂缝长 150 m,用 4 m 棍子探仍探不到田底,水田中喷砂量为 2～3 m³,其中一水田下沉 30 cm	村中民房均有不同程度的裂缝,有一民居纵向呈台阶式错裂	IX度	0.55	III级
DY-11	什邡市师古镇思源村	长 2～3 km,宽 1 km 的范围内均有喷砂	一游泳池周围液化造成的破坏较为严重,喷砂沸冰到池底,池底隆起,原池底深度为 2 m,喷砂填砂使得池底深度变为 1 m,调查时,池底仍有两处冒水,池中现在积水 5 cm,原来无水,地裂缝长约 500 m,宽 20～30 cm,有卵石喷出,裂缝中 1 m 处能见人,堤岸下沉 20～30 cm	VIII度	0.87	IV级
DY-12	什邡市师古镇共和村	水泥路面,花坛下沉约 5 cm,墙角台阶墙一侧下沉 3 cm	对民房基础无影响,裂缝穿越厨房,房屋其他地方有微小裂缝。围墙倒塌严重,房屋破坏较严重	VIII度	0.35	III级
DY-13	什邡市隐丰镇福泉村大桥	稻田开裂,裂缝长 20 m,宽 5 cm,10 多户民房院内喷砂,单孔喷砂量为 1 m³,村中水泥路面下沉 40 cm,向水渠一侧移 10 cm,3 亩稻田五六处喷水,单孔面积约 5 m²,砂层厚 30 cm,调查时仍有冒水现象,喷砂厚	隐丰大桥桥头基础下喷砂,桥头处原有裂缝加大,基础无影响	VII度	0.27	II级
DY-14	什邡市隐丰镇福泉村		房屋落瓦,墙体严重开裂	VII度	0.40	III级
DY-15	什邡市马井镇双石桥村十一组	2 cm,地震时院中黄鳝钻出,稻田附近采地下沉 20 cm,面积为 2～3 m²,水泥路面下沉 5 cm,路边填土 10 cm,路两边旱地第三天仍冒水,将农田填满水	附近砖木房有横向开裂,裂缝宽 5 cm,有烟囱掉头现象	VII度	0.38	III级

续表4.2

编号	地点	地面破坏	结构破坏	烈度	宏观液化指数	宏观液化等级
DY-16	什邡市金轮镇桂花村	地震前约一个月，水井水变混浊，将茶叶放入所打井水（冷水）中后水变成紫红色，加热后有油层，变黄色，震后好转，化验结果为可饮用，地震后地裂缝长约50 m，喷水。	结构破坏不明显	Ⅶ度	0.11	Ⅱ级
DY-17	广汉市南丰镇毗卢小学	液化喷砂量约5 m³，地面下沉20～30 cm。	教室地面隆起，墙体严重开裂，学校无喷砂。冒水，地方房屋损坏较轻，只有落瓦，少量微裂缝	Ⅶ度	0.70	Ⅳ级
DY-18	广汉市南丰镇双砂村	河岸10～20 m处开裂，裂缝穿越民房，裂缝长30～50 m，裂缝中有少量喷砂，河岸侧向滑移10 cm	结构破坏较轻	Ⅶ度	0.30	Ⅱ级
DY-19	绵竹市兴隆镇永乐村十七组	11户住房室内喷砂，震后水井水体变色	墙体开裂，地基下沉不明显，有落瓦	Ⅶ度	0.40	Ⅲ级
DY-20	广汉市新平镇四川国婷科技发展有限公司	2户住户范围内地面开裂，裂缝长10 m，最大宽度2 cm	厂房铁轨被拉断，水平错位3 cm，垂直错位2～3 cm，厂房角外1 m处喷砂量约2 m³，裂缝长10 m，宽5 cm	Ⅶ度	0.35	Ⅲ级
DY-21	广汉市新平镇永红村七组	震前水位6 m，水井原来深5 m。震后变为1.7 m，而且水面30 cm下为液化喷出物，喷砂量为2 m³。	裂缝穿越墙体，地面隆起，溜瓦，厨房，水井口喷砂面积为2～3 m²，喷砂量为0.5 m³	Ⅶ度	0.35	Ⅲ级
DY-22	绵竹市新市镇石虎村四组	震前震后水位变为5 m，裂缝长50～60 m，穿过整个村庄，宽2～3 cm，方向NW340°	1989年建造的一层砖木结构房屋，地裂缝使得墙体开裂，室内地面下沉3～5 cm	Ⅷ度	0.62	Ⅳ级
DY-23	绵竹市新市镇政府	裂缝宽10 cm，长约20 m，方向NW290°	1992年建造的二层房屋，墙体下沉2～3 cm。值班室地板下震前很实，震后踩胸脯发出空空声	Ⅷ度	0.35	Ⅲ级

续表 4.2

编号	地点	地面破坏	结构破坏	烈度	宏观液化指数	宏观液化等级
DY-24	绵竹市天元镇白江村六组	裂缝长 200~300 m，宽 2 cm，方向 NW290°	20 世纪 80 年代建造的二层砖木结构房屋，地裂缝穿过房屋和围墙使其开裂，裂缝宽约 5 cm。房屋大部分倒塌，80% 的房屋已不能居住，烟囱大部分倒掉	Ⅶ度	0.62	Ⅳ级
DY-25	绵竹市孝德镇洪拱村	几亩农田出现裂缝，裂缝长 50 cm，宽 12~20 cm，方向 NE280°。农田下沉 30 cm。院子下沉 3~4 cm。水井鼓起 10 cm	20 cm 的地裂缝穿过房屋，使墙体开裂，下沉，不能使用	Ⅷ度	0.78	Ⅳ级
DY-26	绵竹市孝德镇斗峰村齐福中心小学	农田、小学大面积喷砂	1993 年建造的砖混结构房屋，大面积开裂，楼层未见破坏，墙基下沉 7 cm，有一侧鼓起，下沉 3 cm，抽水房水管下沉 7 cm，墙基侧移	Ⅶ度	0.35	Ⅲ级
DY-27	绵竹市新市镇新市学校	门卫室地面下沉 2 cm，水平侧移 2 cm。仅一处地面下沉一直径约为 1.5 m 的圆形区域下沉 50 cm	结构未见明显破坏，只有部分沉降和轻微破坏	Ⅷ度	0.35	Ⅲ级
DY-28	绵竹市新市镇花园村	仅一处农田一房子被水淹埋，道路有裂缝，宽 5 cm，长几米	无结构破坏	Ⅷ度	0.08	Ⅰ级
DY-29	绵竹市新市镇长宁村十组	农田附近一房子被水淹埋，大约有几十立方米水，长几米。10 亩农田均有喷砂，大约有几十立方米水，且向上隆起。两条裂缝，道路有裂缝，宽约 5 cm	院落中有黑色泥浆喷出，墙根有砂，院墙倾斜	Ⅷ度	0.64	Ⅳ级
DY-30	绵竹市遵道镇双泉村八组	路有裂缝，每个长约 70 m，宽 60~70 cm，方向均为 NW240°，均穿过道路及两旁田地	液化裂缝穿过一间房屋使其开裂	Ⅸ度	0.60	Ⅲ级
DY-31	绵竹市汉旺镇武都村九组	道路有裂缝，田中喷砂几十立方米，水井中喷砂约 6 m³，裂缝长 70~80 m，最宽有 60 cm，方向 NE290°	1993—1994 年建造的砖木结构房屋，裂缝穿过 7 间，全部倒塌	Ⅸ度	0.82	Ⅳ级

续表4.2

编号	地点	地面破坏	结构破坏	烈度	宏观液化指数	宏观液化等级
DY-32	中江县杰兴镇连山村七组	路上有裂缝，喷砂儿立方米，两条裂缝，一条穿过田地和房屋，长约20 m，宽5~6 cm，方向 NW240°；一条在山顶，长约20 m，宽约30~40 cm，方向 NW250°	房屋40%破坏，其中一三层地震前刚建成的现浇框架楼房，被裂缝穿过严重，完全倒塌。靠近山边的土房倒塌严重，山下的砖木结构破坏严重	Ⅶ度	0.51	Ⅲ级
DY-34	德阳市中江县回龙镇万古村	1~2 km液化带穿越400多户人家，都有零星喷砂，山前严重山脚不严重，裂缝长约3 m，宽30 cm，方向 NE320°	液化带穿过处房屋破损严重	Ⅶ度	0.65	Ⅳ级
DY-36	罗江县略坪镇安平村	有两条裂缝，均长约400 m，穿过村庄和田地，道路，宽2~15 cm，沿河，方向 NW220°	两栋房子房间地面下沉，有4~10 cm下沉，为1988—2008年建造，地裂缝穿过整栋房喷砂，地面下沉，房子开裂，一部分倒塌	Ⅶ度	0.55	Ⅲ级
DY-37	德阳市罗江县略坪镇长玉村	有两条裂缝穿过道路，两条裂缝平行，相距20 m，长约100 m，宽30 cm，可见底，方向 NW315°，裂缝穿过的一个水田漏水，无法再种水田，改种玉米	1993年建造的房屋倒塌，裂缝穿过，房屋倒塌	Ⅷ度	0.55	Ⅲ级
DY-38	德阳市黄许镇新新村十组	裂缝引起田铁路拱起30 cm，长30多米。裂缝长200 m，宽30 cm，方向 NE10°	1998年建造的二层砖木结构房屋，裂缝穿过，受到破坏严重，屋内有沉降，地面拱起5 cm	Ⅶ度	0.47	Ⅲ级
DY-39	德阳市黄许镇金桥村三组	有裂缝穿过道路农田、农田中长宽几十米，宽30 cm，有卵石水喷出，田地下沉20 cm，路基下沉十几厘米	一2005年建成的民房、砖混一层，地面隆起有所破坏	Ⅶ度	0.61	Ⅳ级
DY-40	什邡市湔氐镇白虎头村七组	裂缝长大于200 m，宽3~5 cm，方向 NE80°	裂缝穿过房屋使得民房多处裂缝，屋内沉降明显	Ⅷ度	0.45	Ⅲ级

续表 4.2

编号	地点	地面破坏	结构破坏	烈度	宏观液化指数	宏观液化等级
DY—41	什邡市湔氐镇龙泉村七组	裂缝长约 20 m,宽约 10 cm,方向 NE50°	桥面裂开,桥头下沉 5 cm;院子、屋内均有地裂缝,整座房子不均匀沉降,设有圈梁,屋前墙下降 7 cm,屋后墙拾起 12 cm,与地面裂开 26 cm,厨房无圈梁处下沉 5 cm	Ⅷ度	0.68	Ⅳ级
DY—42	绵竹市玉泉镇桂花村三组	有裂缝穿过道路,方向 NE290°,一侧下沉,裂缝长 50 m,宽 30 cm,震后有合拢现象	一座 2007 年建造的砖混民房发生不均匀沉降,屋前沉 10~12 cm,另一边倾斜,对角拾起,方向 NW190°。水塔倒塌方向 NE40°	Ⅷ度	0.62	Ⅳ级
DY—43	什邡市禾丰镇江村十一组	有地裂缝长 100 m,宽 10 cm,深 3 m 多,方向 NE240°,裂缝一侧下沉 5 cm	1983 年建造的砖混结构房屋开裂,不均匀沉降,破坏严重。一粮仓下沉,侧移 10 cm	Ⅷ度	0.40	Ⅲ级
DY—44	什邡市元石镇广福村六组	有裂缝穿过,裂缝长 100 m,并未喷砂	地裂缝穿过的房屋都有不同程度的裂缝,其中一户砖木结构农居,屋内有喷砂痕迹,房屋倒塌	Ⅶ度	0.40	Ⅲ级
DY—45	绵竹市齐天镇桑园村	根据村民介绍,地震时喷砂冒水现象严重,田地中、田(路)边排水沟,地震时喷砂冒水,不连续长几千米,穿过几个村镇,宽 5~6 cm	地面中都有不同程度的喷砂冒水,民房墙壁裂缝清晰可见,村头一座 20 世纪 60 年代建造的小桥,地震引起的喷砂填入河道约 1 m 厚,水泥排水管震后下沉,下挖 3 m 仍看不到	Ⅷ度	0.55	Ⅲ级

德阳地区按宏观液化等级分为 Ⅲ 级区和 Ⅳ 级区两个液化区,并且这两个区域由绵远河隔开。两个区域内液化点分布较为平均,其中 Ⅳ 级区内以绵竹市和德阳市为主要液化区域,液化面积较广,液化震害也相对较重;Ⅲ 级区以什邡市和广汉市为主要液化区域,液化点相对集中,喷砂量相对较小。对比成都地区宏观液化等级分布与德阳地区宏观液化等级分布可以看出,两个地区液化点分布较为相似,均分为两个宏观液化等级区域,且分布在河两侧,但德阳地区宏观液化点分布更密集,液化影响面积更大。

下面列举德阳地区代表性液化点及其震害。德阳地区液化场地宏观液化等级从 Ⅰ 级到 Ⅴ 级均有发现,液化震害较重,震害现象多样,在汶川地震中具有典型性。

汶川地震中,德阳地区宏观液化等级为 Ⅰ 级的场地只有一处,即图 4.7 所示的绵竹市新市镇花园村。该村位于 Ⅷ 度区内,地震时发生液化现象,但喷砂冒水现象不是很明显,仅一处田地因液化而发生下沉现象,如图 4.12(b) 所示,陷坑直径约 1.5 m,深度约 50 cm,且开始时陷坑很小,后慢慢扩大。该村房屋构筑物基本完好,无结构破坏。根据宏观液化现象,判断该村宏观液化指数为 0.08,宏观液化等级为 Ⅰ 级,即液化程度为非常轻微。

(a) 房屋完好　　　　　　　　　　　　　　　(b) 田中有液化陷坑

图 4.7　绵竹市新市镇花园村 —— Ⅰ 级

图 4.8 所示为绵竹市富新镇杜茅村,该村位于 Ⅷ 度区内。地震时该村田中液化冒砂(图 4.8),喷砂量为 $2 \sim 3$ m³,并伴随裂缝产生,穿过两田间的道路,裂缝长约 20 m,宽约 5 cm。村中民房有屋脊、烟囱折断现象,结构无明显破坏。根据宏观液化现象,判断该村宏观液化指数为 0.12,宏观液化等级为 Ⅱ 级,即液化程度为轻微。

图 4.9 所示为绵竹市土门镇林堰村,该村位于 Ⅸ 度区内。地震时该村中普遍有喷水冒砂现象,水田中喷砂并伴随裂缝产生,裂缝长 150 m,用 4 m 的木棍探裂缝的深度探不到底,水沟中喷砂量为 $2 \sim 3$ m³,且有一水田因喷水冒砂下沉 30 cm,如图 4.9(a) 所示。村中民房均有不同程度的破坏,裂缝随处可见,如图 4.9(b) 所示。有一民房平台纵向呈台阶式错裂,两块平台板间产生错裂,裂缝宽约 8 cm,沉降差约 5 cm,公路也发生横、纵向错裂。根据宏观液化现象,判断该村液化宏观指数为 0.55,宏观液化等级为 Ⅲ 级,即液化程度为中等。

(a) 田中有液化　　　　　　　　　(b) 田地边土路裂缝

图 4.8　绵竹市富新镇杜茅村 —— Ⅱ 级

(a) 田中发生液化，喷砂并伴随地裂缝

(b) 平台呈台阶式错位、公路发生裂缝并产生沉降

图 4.9　绵竹市土门镇林堰村 —— Ⅲ 级

图 4.10 所示为什邡市湔氐镇龙泉村,该村位于 Ⅷ 度区。全村 2 000 多亩农田都有喷水冒砂现象,喷冒的高度一般为 10 cm。该村离龙门山不到 500 m,地下水位约 4 m。村中生活区也发现喷水冒砂现象,并产生较大程度的震害。如图 4.10(a) 所示,民房受损严重。村中多数村民种植木耳,家中设有菌棚,菌棚附近发现有喷水冒砂现象,并伴随裂缝产生(图 4.10(b)),裂缝长约 20 m,宽约 10 cm,方向 NE50°。如图 4.10(c) 所示,村中一桥面开裂,桥头发生沉降,沉降量约 5 cm。由于此桥不大,而且村中没有大型和载重量大的车辆通行,所以地震后桥仍能正常使用。图 4.10(d) 所示一民房,一侧为二层楼房,一侧为一层厨房,楼房设有地梁并设有圈梁,厨房未设,两侧沉降差异。整座房子发生不均匀沉降,房屋前墙下降 7 cm。厨房无圈梁处下沉 5 cm,接缝处开裂,并产生纵向裂缝;屋后墙体与地表开裂,裂缝宽约 26 cm,屋后墙抬起约 12 cm。另外,厨房边一抽水机,由厨房墙体支撑,现需垫一红砖(厚 6 cm)才能放平。全村破坏严重,只有一户烟囱未倒。根据宏观液化现象,判断该村宏观液化指数为 0.68,宏观液化等级为 Ⅳ 级,即液化程度为严重。

(a) 民房受损严重

(b) 菌棚附近普遍液化

(c) 村桥发生裂缝、并产生沉降

图 4.10　什邡市湔氐镇龙泉村——Ⅳ级

(d) 屋前墙开裂下沉7 cm，屋后墙抬起12 cm，地表开裂

续图 4.10

　　图 4.11 所示为绵竹市拱星镇祥柳村，该村位于 Ⅷ 度区内。全村水田方圆 300 亩范围内均有喷砂冒水现象。在农田中发现 7、8 处直径 3 ～ 4 m、深 1 ～ 2 m 的坑陷(图 4.11(a))，坑边发现有砾石喷出，如图 4.11(b) 所示。据村民介绍，地震时看见水柱喷出，喷水高度与田地中电线杆齐平(图 4.11(c))。全村喷水冒砂现象严重，随处可见喷出物，液化普遍引起房屋严重毁坏(图 4.11(d))，由于喷水冒砂产生裂缝使得民房倒塌，成为废墟，地面鼓起。根据宏观液化现象，判断该村宏观液化指数为 0.91，宏观液化等级为 Ⅴ 级，即液化程度为非常严重。

(a) 喷砂造成田中陷坑

图 4.11　绵竹市拱星镇祥柳村 —— Ⅴ 级

(b) 坑边有砾石喷出　　　　　　　(c) 喷水高度约与电线杆齐平

(d) 房屋毁坏严重

续图 4.11

4.3.3　绵阳地区宏观液化等级及典型案例

汶川地震中绵阳地区是三个主要液化区中液化程度较重的地区,液化震害涉及农田和房屋基础不均匀沉降、地面开裂等。绵阳地区液化点宏观液化指数及等级如表 4.3 所示。表 4.3 中列出了绵阳地区各个液化点的地点、地面破坏、结构破坏、烈度、宏观液化指数及宏观液化等级。

由表 4.3 可以看出,绵阳地区液化及震害描述细致的场地共计 10 个,液化点分布于Ⅶ、Ⅷ度区内。绵阳地区液化场地涵盖了 3 个宏观液化等级,即Ⅱ级至Ⅳ级,液化程度从轻微到严重,其中宏观液化等级Ⅲ级液化场地占 80%,Ⅱ级占 10%,Ⅳ级的场地仅有 1个,即江油市江油火车站,其宏观液化指数为 0.75。从表 4.3 中场地液化描述情况来看,绵阳地区液化较为严重,造成的震害也比较明显。

表 4.3　绵阳地区液化点宏观液化指数及等级

编号	地点	地面破坏	结构破坏	烈度	宏观液化指数	宏观液化等级
MY-01	绵阳市游仙区丰泰印务	水泥路面裂缝中喷砂约 2～3 m³，绿化带上喷砂孔呈串珠状排列，其中最大喷砂孔直径约 20 cm。喷砂为灰白、浅黄色细砂，绿化小区内均有不同程度的喷砂冒水现象，喷出砂为浅黄色粉细砂。人工湖水位原为	厂房采用桩基础，基础深 4.8 m，厂房地面沉降 2～4 cm，基础无变化	Ⅶ度	0.35	Ⅲ级
MY-02	绵阳市游仙区游仙试验区居民区	1 m 左右，地震后略有上升。据保安介绍，地震 1 h 后水柱高度仍有 30 cm 左右。覆盖层厚度：山前 1～2 m，离山较近处有 10～15 m	居民区内房屋有所破坏，路面水泥板隆起	Ⅶ度	0.45	Ⅲ级
MY-03	绵阳市柏林镇洛水村	附近有断裂带通过，其长度约 10 km，方向为北东向，水渠石块在地震中震倒，浅黄色粉细砂从裂缝中喷出，据当地村民介绍，地震后喷水高约 30 cm，第二天仍有冒水	镇内房屋破损，村中房屋受到地震影响	Ⅶ度	0.37	Ⅲ级
MY-04	绵阳市柏林镇陈家坝	现象，附近打井 6～7 m 见水。其中一处喷砂将农田掩埋，掩埋面积约 20 m²。附近有断裂带通过，地裂缝穿越公路	民房裂缝	Ⅶ度	0.35	Ⅲ级
MY-05	绵阳市忠兴镇中心小学	操场很大范围内喷砂冒水，持续时间 5～6 h。据介绍，打井 5～6 m 见水	教学楼略有地基下沉现象	Ⅷ度	0.4	Ⅲ级
MY-06	绵阳市新桥镇东华村六组	喷砂掩埋农田约 10 亩，地裂缝宽 10 cm，长 8 m，方向 NW150°	该村一民房侧墙下沉 2～3 cm，大门开启受阻	Ⅶ度	0.3	Ⅱ级
MY-11	绵阳市游仙区游仙坝七队	喷砂面积 2 m²，喷砂量 0.5 m³	墙体严重开裂，并于下沉约 6 cm，基础完好，墙体先是下沉，然后又隆起	Ⅶ度	0.45	Ⅲ级
MY-12	江油市三合镇北林村三组	整个村子普遍喷砂，几条基本水平的裂缝穿过整个村庄，几千米长，宽 3～20 cm，方向 NW350°	裂缝穿过房屋，院子和院墙，院内到处开裂，均有喷砂现象，裂缝过处房屋墙体开裂，墙根下沉 2～3 cm	Ⅷ度	0.55	Ⅲ级

续表4.3

编号	地点	地面破坏	结构破坏	烈度	宏观液化指数	宏观液化等级
MY-13	江油市江油火车站	整个火车站液化喷砂	火车站排水沟地板拱起,地面裂缝,火车站到处喷砂,房屋墙体横向开裂,地裂缝处墙体通裂,每一个房间墙边都有黄色粉细砂喷出,调查时已停用,正准备拆除重建	Ⅷ度	0.75	Ⅳ级
MY-15	绵阳市游仙区石板镇观音村十二组和六组	几十亩喷砂,裂缝长200 m,宽30 cm,南北方向	一路基沉降10 cm	Ⅶ度	0.53	Ⅲ级

绵阳地区宏观液化等级为 Ⅲ 级。绵阳地区以绵阳市和江油市为主要液化区域。绵阳地区液化点相对较少,且仅有一个宏观液化等级 Ⅲ 级区。

绵阳地区内液化点宏观液化等级包括 Ⅱ 级、Ⅲ 级和 Ⅳ 级,液化震害和震害现象是三个主要液化区域中最轻的,下面列举绵阳地区液化场地及其宏观液化等级分析。

图 4.12 所示为绵阳市新桥镇东华村,该村位于 Ⅶ 度区内,地震液化喷出物为浅黄色粉细砂。地震后发现喷砂掩埋农田约 10 亩,并伴随产生地裂缝数条,地裂缝类似,均宽约 10 cm,长约 8 m,方向 NW150°,如图 4.12(a) 所示。地震时,该村一水井的水泥盖被喷出物冲开,据村民介绍,当时喷出的水柱高约 2 m,调查时实测水井水位 2.5 m。村中部分民房有侧墙下沉现象,下沉量 2 ~ 3 cm,多户村民家中大门因地面隆起、侧墙沉降影响,开关受阻(图 4.12(c))。根据宏观液化现象,判断该场地宏观液化指数为 0.3,宏观液化等级为 Ⅱ 级,即液化程度为轻微。

(a) 田中裂缝喷砂　　　　　　　　　　(b) 水井盖被喷水冲开

(c) 侧墙沉降

图 4.12　绵阳市新桥镇东华村——Ⅱ 级

图 4.13 所示为绵阳市游仙区丰泰印务,其位于 Ⅶ 度区内。地震调查时发现绿化带上喷砂孔呈串珠状排列,其中最大喷砂孔直径约 20 cm,如图 4.13(a) 所示。喷出物为灰白、浅黄色粉细砂。水泥路面拼接处开裂,如图 4.19(b) 所示,裂缝中喷砂量约 2 ~ 3 m³。据介绍,丰泰印务厂房采用桩基础,其基础深 4.8 m。地震时,厂房墙体与地面产生裂缝,厂房内地面沉降 2 ~ 4 cm,如图 4.13(c) 所示,基础完好。根据宏观液化现象,判断该场地宏观液化指数为 0.35,宏观液化等级为 Ⅲ 级,即液化程度为中等。

(a) 绿化带珠串式喷砂孔

(b) 人行路裂缝、喷砂

图 4.13　绵阳市游仙区丰泰印务 ——Ⅲ 级

(c) 地面与墙体开裂并下沉

续图 4.13

　　绵阳地区没有液化程度为非常严重的场地,而液化程度为严重的场地为江油市江油火车站,其位于 Ⅷ 度区内。地震中整个车站都发生了喷水冒砂现象,候车室、办公室被 $1 \sim 2$ cm 厚的浅黄色粉砂覆盖,如图 4.14(a) 所示。火车站外观较为完好(图 4.14(b)),内部受损严重,出站口水泥地板隆起,候车室内墙体由于沉降作用而产生严重的水平裂缝(图4.14(c))。调查时车站已经停止使用,并且准备拆除重建。根据宏观液化现象,判断该场地宏观液化指数为 0.75,宏观液化等级为 Ⅳ 级。

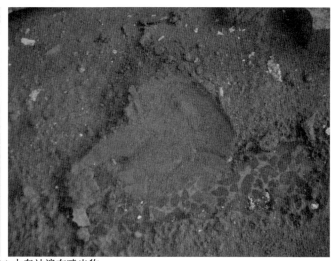

(a) 火车站遍布喷出物

图 4.14　江油市江油火车站 —— Ⅳ 级

75

(b) 外观看似完好，内部受损严重

(c) 车站内部受损严重

续图 4.14

4.4　液化与非液化场地震害程度对比

场地液化具有加重震害和减轻震害双重效应。唐山大地震中，人们所说的"湿震不重干震重"指的就是液化减轻震害效应，但多数情况下液化会加重震害。

汶川地震科学考察过程中，液化调查组的成员们特别注意了这一问题。采用的方法是调查液化场地上房屋建筑的震害指数，然后调查附近非液化场地同类房屋的震害指数，两类场地震害指数对比如图 4.15 所示。

由图 4.15 可见，除个别调查点非液化场地和液化场地震害程度相当外，液化场地震害指数大于非液化场地震害指数，即汶川地震中液化多是加重震害，这也是汶川地震液化震害的特点之一。

图 4.16 所示为液化场地震害指数与非液化场地震害指数比值分布。从图 4.16 中可以看出，近 60% 的场地中液化对震害放大倍数为 1～2。

图 4.17 所示为各烈度区内液化场地与非液化场地震害指数对比。由图 4.17 可见，汶川地震中 Ⅵ 度区到 Ⅸ 度区均有液化加重震害的现象，Ⅵ 度区、Ⅶ 度区、Ⅷ 度区内液化加重震害现象较明显；Ⅵ 度区内液化加重震害现象最为严重，其次是 Ⅶ 度区和 Ⅷ 度区；

Ⅸ 度区内液化场地与非液化场地震害基本持平,液化加重震害情况不明显,即液化在低烈度区内加重震害程度更显著,而在高烈度区内液化对震害指数影响较小。

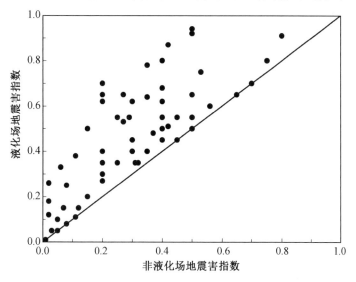

图 4.15　液化场地与非液化场地液化震害指数对比

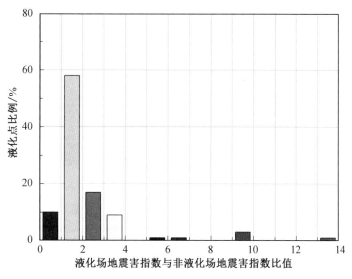

图 4.16　液化场地震害指数与非液化场地震害指数比值分布

　　图 4.18 所示为不同地表峰值加速度(PGA)下液化场地与非液化场地震害指数对比。在不同 PGA 范围内液化加重震害程度不同,在 50 ~ 100 gal 范围内液化加重震害程度最为显著,放大率超过 2.5 倍,300 ~ 400 gal 范围内放大效果则不明显。

　　下面分析不同液化场地液化加重震害的实例。图 4.19 所示为德阳市德新镇胜利村,该村位于 Ⅶ 度区内,发生喷水冒砂现象,液化带长约 200 m,宽约 20 m,液化带内农户房屋墙体严重开裂,基础下沉,如图 4.19(a) 所示,地面隆起。而在几百米之外未发生液化的区域,震害较轻,甚至土坯房也完好无损,未发现烟囱掉落现象(图 4.19(b))。

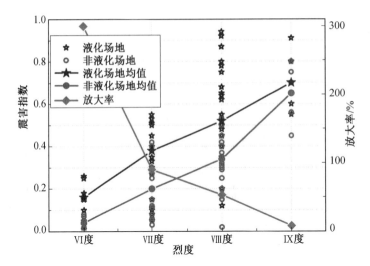

图 4.17　各烈度区内液化场地与非液化场地震害指数对比

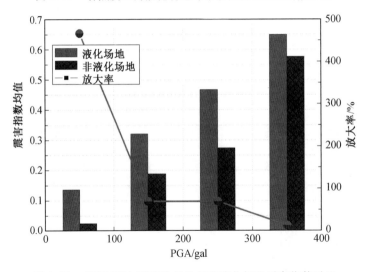

图 4.18　不同 PGA 下液化场地与非液化场地震害指数对比

图 4.20 所示为德阳市天元镇白江村,该村只有一户村民住宅地基发生喷水冒砂,液化导致房屋明显不均匀沉降,如图 4.20(a) 所示。该民房为二层砖木结构,主体房屋相对于院墙下沉约 6 cm,二层地震时倒塌,而距离液化点约 30 m 的民房不在液化带上,房屋完好,烟囱未倒(图 4.20(b))

汶川地震中 Ⅵ 度区中出现了明显的液化震害现象,这在以往地震中没有发现。现已查明 Ⅵ 度区内有 10 余处液化,并且这些液化点分布在成都、眉山、雅安、乐山、遂宁等 5 个不同地区,彼此之间相距较远,这些液化点液化及其震害显著。例如峨眉山市桂花桥镇新联村,如图 4.21 所示,液化时喷出物为黄细砂,含卵石和黄泥,喷水高度 3 m,持续 20 ～ 30 min,液化导致出现长约 200 m、宽约 10 cm 的裂缝,裂缝穿过的房屋墙体产生贯穿性裂缝,如图4.21(a) 所示,而其他未在液化带上的房屋基本完好无损(图 4.21(b))。

(a) 液化区内, 房屋墙体开裂、下沉　　　　　　(b) 液化区外, 土坯房完好, 烟囱未落

图 4.19　德阳市德新镇胜利村液化与非液化地基上房屋震害对比

(a) 液化导致不均匀沉降　　　　　　　　(b) 未液化房屋完好

图 4.20　德阳市天元镇白江村液化与非液化地基上房屋震害对比

(a) 液化液化导致贯穿裂缝　　　　　　　　(b) 未液化房屋完好

图 4.21　Ⅵ度区内液化喷砂及墙体贯穿性裂缝(峨眉山市桂花桥镇新联村)

4.5　宏观液化指数与地震动的关系

宏观液化指数与地震动的关系是本章研究的重点之一。图 4.22 所示为汶川地震中宏观液化指数与烈度的关系。从图 4.22 中可以看出，Ⅵ 度区内宏观液化指数均在 0.3 以下，平均值为 0.16，即 Ⅵ 度区的平均液化程度为轻微，表明 Ⅵ 度区液化震害并不是很严重。Ⅶ 度区宏观液化指数平均值为 0.38，即 Ⅶ 度区的平均液化程度为中等。Ⅷ 度区宏观液化指数平均值为 0.52，即 Ⅷ 度区的平均液化程度为中等。Ⅸ 度区中宏观液化指数基本在 0.6～0.91 范围内，宏观液化指数平均值为 0.7，平均液化程度为严重。宏观液化等级趋于随着烈度的升高而升高，但宏观液化指数离散较大。

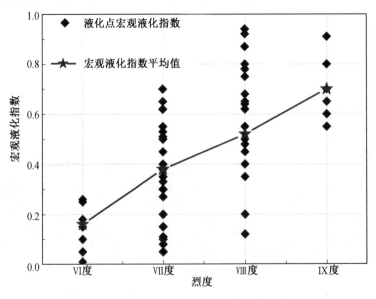

图 4.22　汶川地震中宏观液化指数与烈度的关系

图 4.23 所示为汶川地震中宏观液化指数与 PGA 的关系。整体上看，在 0～100 gal、100～200 gal、200～300 gal 和 300～400 gal 四个区间内，宏观液化指数随 PGA 的增大趋于增大。0～100 gal 范围内宏观液化指数均在 0.3 以下，平均值 0.14，即平均宏观液化等级为 Ⅱ 级；100～200 gal 范围内宏观液化指数平均值为 0.32，即平均宏观液化等级为 Ⅲ 级；200～300 gal 范围内宏观液化指数平均值为 0.47，即平均宏观液化等级为 Ⅲ 级；300～400 gal 范围内宏观液化指数范围为 0.5～0.9，宏观液化指数平均值为 0.65，即平均宏观液化等级为 Ⅳ 级。但是，宏观液化指数与 PGA 关系离散较大，汶川地震中液化造成的震害严重程度与地震动强度并非对等关系。关于宏观液化指数与地震动强度的关系有待进一步探讨。

通过对比图 4.22 与图 4.23 可发现，宏观液化指数与 PGA 的关系的趋势与烈度情况类似。就单个液化场地情况来看，并不是 PGA 越大宏观液化指数就绝对越大，但是总体趋势一致。

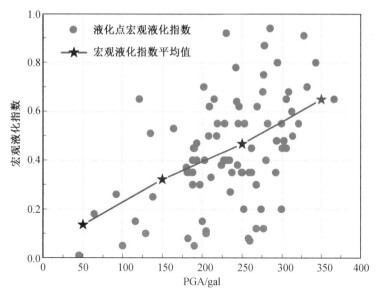

图 4.23 汶川地震中宏观液化指数与 PGA 的关系

4.6 本章小结

本章根据我们获取的汶川地震详细的液化调查资料,利用上一章提出的宏观液化指数和等级的划分方法,对汶川地震液化震害进行了更深入的研究,给出了汶川地震宏观液化等级的分布及具体案例,同时利用震害调查资料分析了液化与非液化场地震害程度对比、宏观液化指数与地震动的关系,为全面、深入掌握汶川地震液化特征提供了依据。

本章工作和结果归纳如下。

(1)利用宏观液化指数和宏观液化等级的概念和划分标准,对汶川地震中液化的场地进行了分析,给出了汶川地震宏观液化等级分布。

(2)分析了德阳地区、绵阳地区和成都地区这三个主要液化区域的液化情况,指出德阳地区由绵远河分开,分为宏观液化等级 Ⅲ 级区和 Ⅳ 级区,即液化程度中等区和严重区;绵阳地区为宏观液化等级 Ⅲ 级区,即液化程度为中等;成都地区由岷江分开,分为宏观液化等级 Ⅲ 级区和 Ⅱ 级区,即液化程度中等区和轻微区。

(3)对比分析了液化场地和附近非液化场地的震害情况,指出汶川地震中液化的发生普遍加重了地震灾害,且在低烈度和低 PGA 区内尤其明显,对震害的加重倍数最大为十几倍。

(4)研究了宏观液化指数与地震烈度的关系,指出总的趋势上烈度越高,宏观液化等级越高。但主要震区内宏观液化指数离散很大。

(5)研究了宏观液化指数与 PGA 的关系,指出平均意义上看,宏观液化指数随着 PGA 的增大而增大,如 0 ~ 100 gal、100 ~ 200 gal、200 ~ 300 gal 和 300 ~ 400 gal 范围内宏观液化指数平均值分别为 0.14、0.32、0.47 和 0.65,平均宏观液化等级分别为 Ⅱ 级、Ⅲ

级、Ⅲ 级和 Ⅳ 级。

（6）虽然宏观液化指数平均值与 PGA 呈正相关关系，但二者之间离散性很大，液化程度最严重的场地发生在 200～300 gal 范围内，而非发生在 300～400 gal 的高 PGA 范围内。

第5章 特征参数与液化的相关性研究

5.1 引　言

地震引发砂土液化导致灾难性的后果,促使人们对砂土液化问题进行了很多研究,建立了多种液化判别模型和方式。影响土层液化的因素很多,包括动荷条件、埋藏条件和土的力学性能等。研究其中的代表性特征量与液化的关系,是掌握液化的发生条件和规律以及给出合理判别方法的基础性工作。但是,以往大量的研究是以室内试验形式进行的,缺少现场数据支持。采用室内试验,由于条件限制,无法得到对实际动荷情况、真实埋藏条件以及现场实测土力学指标与液化关联性的真实认识,很多研究只能得到对实际情况来说近似的结果。以实际动荷情况、真实埋藏条件以及现场实测土力学指标为特征参数,分析其与液化发生的关联性能够反映客观事实,但由于以往实测数据量的限制,此方面的工作主要局限在对液化初判条件的研究上。同时,由于对实测参数与液化关联性研究的不足,对实际参数与液化相关性规律认识不清,建立的液化判别方法缺乏可靠性,不仅在参数定量方面欠缺把握性,判别公式甚至出现了定性方面的错误。

本章收集了国内外51个地震中的PGA、水位埋深、饱和砂层埋深、标贯击数以及剪切波速数据共计5 103例,利用相关性理论分析了这几个特征参数与液化的相关性,并给出了相关程度,以得到实际动荷情况、真实埋藏条件以及现场实测土力学指标与液化关联性的真实结果,深化土层与地震动特征参数与液化关系的认识,同时为检验现有液化判别方法提供支持。

5.2 特征参数及相关性理论

液化问题是全球普遍关注的课题,液化判别方法也是工程师和地震研究人员关注的方向之一。历次地震后,学者们对地震液化的研究都有新的突破,液化资料也在逐步累积。砂土的液化是砂土由固态转变成液态的一种物质状态改变,砂土发生液化后其强度会极大地降低,因此会对工程造成极大的危害。砂土是无黏性土,它的抗剪强度主要依靠土颗粒间的接触压力和摩擦系数,液化的形成是由于饱和砂土孔隙中充满水,地震时土粒与水的运动并不一致,土粒在振动中逐渐变密,在受到水阻碍的过程中将能量传递给水,水受到土粒的压迫后孔压上升,如果孔隙水不能迅速排出,孔隙水压力就会越来越高,而土粒所受的有效应力则相应减少,最终有效应力为零,土粒失重悬浮于水中,孔隙水压力上升到等于土的最初有效应力时,土骨架崩溃,土粒随水流动,产生液化,因此饱和砂土的液化是孔压上升的结果。

影响砂土液化的因素很多,主要分为三类:一是动荷条件,二是埋藏条件,三是土的力学性能。

动荷条件：动荷条件主要指地震动的强度即产生的地表加速度峰值（PGA）。砂土在地震时是否会发生液化，主要取决于地震引起的应力或应变的大小，而这些应力或应变的大小与地面震动的强弱有关。传统经验认为应力越大，砂土就越容易液化，因此目前地震烈度是估计砂土液化是否可能发生的重要因素之一。

埋藏条件：埋藏条件包括饱和砂层埋深和水位埋深。饱和砂层埋深关系着上覆压力的大小以及砂层土体围压，饱和砂层埋深越深即围压越大，越难液化。水位埋深直接为砂层的饱和程度创造条件，地下水位越高越容易液化，反之越不容易液化。

土的力学性能：土的力学性能包括土层密实程度和颗粒级配。饱和砂土越松散越容易液化，但由于很难取得原状砂样，砂土的相对密度 D_r 不易测定，工程中更多用标贯试验来测定砂土的密实程度。

为研究实测参数与砂土液化的关系，本章取地表峰值加速度、饱和砂层埋深度、水位埋深、标贯击数和剪切波速作为特征量，研究这些特征量与液化的相关性。

本书采用统计学中常用的相关系数法研究参数之间的相关性。相关系数是变量之间相关程度的指标。样本相关系数用 r 表示，相关系数的取值范围为 $[-1, 1]$。$|r|$ 越大，变量之间的线性相关程度越高；$|r|$ 越接近 0，变量之间的线性相关程度越低。

相关系数又称皮氏积矩相关系数，是说明两个变量之间相关关系密切程度的统计分析指标，它由卡尔·皮尔森（Karl Pearson）在 1880 年提出，现已广泛地应用于科学的各个领域。其计算公式为

$$r = \frac{\sum XY - \dfrac{\sum X \sum Y}{N}}{\sqrt{\left[\sum X^2 - \dfrac{(\sum X)^2}{N}\right]\left[\sum Y^2 - \dfrac{(\sum Y)^2}{N}\right]}} \tag{5.1}$$

式中，X，Y 为变量；N 为样本的个数。

若 $r > 0$ 表示正相关，则 $r < 0$ 表示负相关，$r = 0$ 表示不相关。

（1）若 $r > 0$，表示两个变量正相关，即一个变量值越大，另一个变量值越大，当 $r = 1$ 时为完全正相关。

（2）若 $r < 0$，表示两个变量负相关，即一个变量的值越大，另一个变量的值越小，而 $r = -1$ 时为完全负相关。

（3）相关系数的绝对值 $|r|$ 越接近 1，相关越密切，越接近 0，相关越不密切。

（4）若 $r = 0$，说明 X 和 Y 两个变量之间无直线关系。r 的绝对值越大表明相关性越强。要注意的是这里并不存在因果关系，而 $r = 0$ 表明两个变量间不是线性相关，但有可能是其他方式的相关。

利用样本相关系数推断总体中两个变量是否相关，可以用 t 统计量对总体相关系数为 0 的原假设进行检验。若 t 检验显著，则否定原假设，即两个变量是线性相关的；若 t 检验不显著，则不能否定原假设，即两个变量不是线性相关的。

本书利用皮氏积距相关系数法研究液化与 PGA、饱和砂层埋深、水位埋深、标贯击数和剪切波速的相关系数，并利用 t 检验法检验其相关的显著性。

5.3 地表峰值加速度与液化的相关性

地表峰值加速度（PGA）表示了地震动的大小，本书收集了国内外 51 次地震的 PGA 数据，如表 5.1 所示，收集到液化场地数据 732 例，非液化场地数据 608 例，共 1 340 例。

表 5.1 国内外地震 PGA 数据

编号	时间	地震	震级	液化场地数据／例	非液化场地数据／例	合计／例
1	1802	Niigata	6.6	0	2	2
2	1877	Niigata	6.1	0	2	2
3	1891	Mino-Owari	7.8	4	0	4
4	1906	San Francisco	8.1	12	4	16
5	1923	Kwanto	7.9	5	0	5
6	1933	Long Beach	6.3	0	6	6
7	1944	Tonankai	8.0	4	0	4
8	1948	Fukui	7.3	2	1	3
9	1957	Daly City	5.3	1	27	28
10	1962	河源	6.4	0	1	1
11	1964	Alaska	9.2	17	1	18
12	1964	新潟	9.2	71	23	94
13	1966	邢台	6.7	3	4	7
14	1966	邢台	7.2	7	0	7
15	1967	河间	6.3	2	0	2
16	1967	Venezuela	6.5	1	0	1
17	1968	Tokachi-Oki	8.2	3	4	7
18	1969	渤海	7.4	6	1	7
19	1970	通海	7.8	18	16	34
20	1971	San Fernando	6.5	1	0	1
21	1972	Managua	6.2	0	1	1
22	1975	海城	7.3	12	6	18
23	1976	唐山	7.8	55	37	92
24	1976	Guatemala	7.5	2	2	4
25	1977	Argentina	7.2	8	6	14
26	1977	Vrancea	7.2	1	1	2
27	1978	Guerroro	7.6	0	1	1
28	1978	Miyagiken-Oki	6.7	0	23	23
29	1978	Miyagiken-Oki	7.7	16	8	24
30	1978	Thessaloniki	6.5	0	1	1

续表5.1

编号	时间	地震	震级	液化场地 数据/例	非液化场地 数据/例	合计 /例
31	1978	Guerroro	7.6	0	1	1
32	1979	Montenegro	6.9	2	0	2
33	1979	Imperial Valley	6.6	11	14	25
34	1980	Mexicali	6.7	1	0	1
35	1980	Mid-Chiba	6.1	0	4	4
36	1981	Westmoreland	6.0	25	15	40
37	1983	Borah Peak	6.9	5	0	5
38	1983	Nihonkai-Chubu	7.8	13	6	19
39	1985	Chiba-Ibaaragi	6.6	0	2	2
40	1985	花莲	5.3	0	8	8
41	1986	花莲	7.6	0	28	28
42	1986	Lotung	6.2	0	2	2
43	1986	Lotung	7.0	0	2	2
44	1987	Superstition Hills	6.6	4	19	23
45	1987	Whittier Narrows	6.9	0	17	17
46	1987	Elmore Ranch	6.2	0	23	23
47	1989	Loma Prieta	6.9	54	35	89
48	1993	Kushiro-Oki	7.8	5	1	6
49	1994	Northridge	6.7	3	0	3
50	1995	阪神	7.2	57	44	101
51	1999	集集	7.6	301	209	510
	合计			732	608	1 340

由表5.1可以看出,自有地震记录以来,液化场地勘察数据普遍多于非液化场地。对比各个地震勘察数据量可以看出,液化引起广泛重视的地震勘察数据较多,如1964年新潟地震,1976年唐山地震,1989年Loma Prieta地震,1995年阪神地震和1999年集集地震中,勘察数据量较大,其他地震勘察数据量均较小,有的甚至只有一两个数据。本书中将所有数据统一考虑,不区分地震和场地,只有液化与非液化之分。

对国内外地震PGA数据进行整理,得到表5.2,数据中饱和砂层埋深在10 m以下的液化数据非常少,特别是15 m以下的液化数据极少,只有9例,85%的数据饱和砂层埋深在10 m以上。因此在数据处理过程中,将饱和砂层埋深10 m以上分为一档,10 m以下分为另一档,便于分析浅层液化和深层液化。从PGA的平均值来看,液化场地与非液化场地在各个饱和砂层埋深范围内PGA平均值均相差较大,特别是在15~20 m范围内相差最大,液化场地为0.56 gal,非液化场地为0.28 gal;整体上,液化场地PGA平均值为0.33 gal而非液化场地为0.21 gal。从数据量来看,各个饱和砂层埋深范围的液化和非液化数据量分布较为均匀,在进行相关性计算和研究时所得结果有说服力。

表 5.2　PGA 数据按饱和砂层埋深范围整理结果

饱和砂层埋深范围	PGA 平均值 /gal		数据量	
	液化	非液化	液化	非液化
0～5 m	0.32	0.23	342	206
5～10 m	0.34	0.19	276	300
10～15 m	0.32	0.21	105	81
15～20 m	0.56	0.28	9	21
0～10 m	0.33	0.21	618	506
10 m 以下	0.33	0.29	114	102
总计	0.33	0.21	732	608

利用相关性理论分析 PGA 与液化的相关性,结果列为表 5.3。从各个饱和砂层埋深范围看,PGA 与液化呈正相关,即认为 PGA 越大饱和砂层越容易液化,这与一般认识相符。

表 5.3　不同饱和砂层埋深范围内 PGA 与液化的相关系数

饱和砂层埋深范围	PGA 与液化相关系数
0～5 m	0.098*
5～10 m	0.418**
10～15 m	0.338**
15～20 m	0.525**
0～10 m	0.352**
10～20 m	0.322**
总相关系数	0.346**

注:** 　表示在 0.01 水平(双侧)上显著相关。

　* 　表示在 0.05 水平(双侧)上显著相关。

由表 5.3 可以看出,在各个饱和砂层埋深范围内,PGA 与液化均呈显著相关,且除在饱和砂层埋深范围 0～5 m 内为在 0.05 水平上显著相关外,在其他范围内均为在 0.01 水平上显著相关。

图 5.1 所示为不同饱和砂层埋深范围内 PGA 与液化相关系数柱状图,柱状图均在正坐标轴侧,即 PGA 与液化均呈正相关,总相关系数为 0.346。PGA 与液化在饱和砂层埋深范围 0～5 m 内相关性最小,相关系数为 0.098,而在 15～20 m 内相关性最大,为 0.525。

图 5.2 所示为在饱和砂层埋深范围 0～10 m 和 10～20 m 内 PGA 与液化相关系数柱状图。可以看出,总体上 PGA 与液化相关性同饱和砂层埋深范围为 0～10 m 时较为相似,结合表 5.2 可发现,由于历年国内外大地震中所得液化数据饱和砂层埋深范围一般为 10 m 以上,占总数据量的 85% 左右,而饱和砂层埋深 10 m 以下的液化十分罕见,数据也相对贫乏,因此所得总体参数与液化相关性较为趋近饱和砂层埋深范围 0～10 m。尽管饱和砂层埋深范围 10～20 m 内的数据量较小,但其与液化的相关性正负趋势与总体完全保持一致,说明这种相关性正负关系是毋庸置疑的,而且其相关系数大小也与总相关系数基本相同。

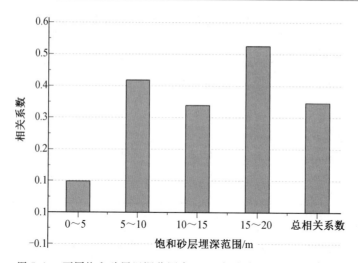

图 5.1 不同饱和砂层埋深范围内 PGA 与液化相关系数柱状图

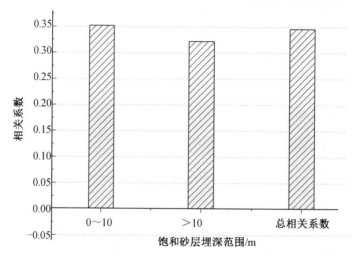

图 5.2 深浅饱和砂层埋深范围内 PGA 与液化相关系数柱状图

如表 5.4 所示,将 PGA 数据按不同水位埋深范围进行整理。将 PGA 数据按水位埋深范围分组,通过第 2 章对水位埋深的描述可知,80% 以上的数据对应水位埋深为 3 m 以上,因此在数据处理过程中,将水位埋深在 3 m 的数据以上分为一档,将水位埋深在 3 m 以下的数据分为另一档,从而研究 PGA 与液化之间相关性在不同水位埋深范围下的相同与差异。从各水位埋深范围内的数据量来看,0~3 m 内液化数据量明显比非液化数据量大,约差 15%,较为匹配,3 m 以下范围内非液化数据量大于液化数据量,二者相差约为 15%,较为匹配。从 PGA 的平均值来看,各个水位埋深范围内液化场地 PGA 平均值均比非液化场地大,且相差较多;水位埋深范围 3 m 以下液化场地 PGA 平均值较非液化场地大,而且 3 m 以下液化场地与非液化场地的 PGA 平均值均比埋深 0~3 m 内略大。

表 5.4　PGA 数据按水位埋深范围整理结果

水位埋深范围	PGA 平均值 /gal		数据量	
	液化	非液化	液化	非液化
0～1 m	0.29	0.17	136	91
1～2 m	0.32	0.18	237	204
2～3 m	0.38	0.25	223	125
0～3 m	0.34	0.20	596	420
3 m 以下	0.37	0.23	136	188
总计	0.33	0.21	732	608

　　利用相关性理论分析 PGA 与液化的相关性,结果列为表 5.5。从各个水位埋深范围看,PGA 与液化呈正相关,即认为 PGA 越大饱和砂层越容易液化。

表 5.5　不同水位埋深范围内 PGA 与液化的相关系数

水位埋深范围	PGA 与液化相关系数
0～1 m	0.419**
1～2 m	0.389**
2～3 m	0.313**
0～3 m	0.365**
3 m 以下	0.350**
总相关系数	0.346**

注:**　表示在 0.01 水平(双侧)上显著相关。

　　由表 5.5 可以看出,在各个水位埋深范围内,PGA 与液化均呈显著相关,且在各个水位埋深范围内均为在 0.01 水平上显著相关,相关系数在不同水位埋深条件下基本相当。

　　图 5.3 所示为不同水位埋深范围内 PGA 与液化相关系数柱状图,柱状图均在正坐标轴侧,即 PGA 与液化均呈正相关,总相关系数为 0.346,在水位埋深范围 2～3 m 内相关性最小,为 0.313,而在 0～1 m 内相关性最大,为 0.419。

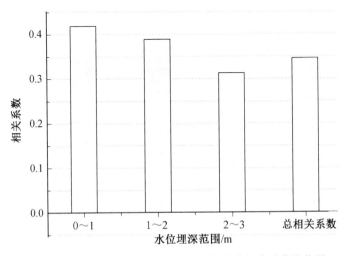

图 5.3　不同水位埋深范围内 PGA 与液化相关系数柱状图

图 5.4 所示为水位埋深范围 0～3 m 和 3 m 以下 PGA 与液化相关系数柱状图。可以看出,PGA 与液化相关性在深浅水位埋深范围下变化不大,均在 0.35 左右,因此水位埋深对液化与 PGA 的相关性影响较小。

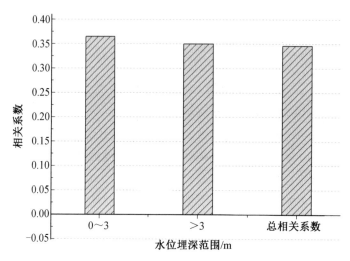

图 5.4　深浅水位埋深范围内 PGA 与液化相关系数柱状图

表 5.6 所示为不同烈度下 PGA 数据统计,从各烈度下 PGA 平均值来看,Ⅵ 度和 Ⅶ 度液化场地 PGA 平均值较非液化场地大,而 Ⅷ 度液化场地与非液化场地 PGA 平均值相同,Ⅸ 度和 Ⅹ 度液化场地 PGA 平均值较非液化场地小。从数据量上看,Ⅵ 度液化数据仅有 1 例,非液化数据 79 例,数据量相差悬殊;数据主要集中在 Ⅶ 度、Ⅷ 度、Ⅸ 度,且数据量相当。

根据表 5.6 中数据,基于数据量匹配关系,本书只研究 Ⅶ 度、Ⅷ 度、Ⅸ 度下 PGA 与液化的相关性。表 5.7 为不同烈度下 PGA 与液化的相关系数,Ⅶ 度和 Ⅸ 度下 PGA 与液化在 0.01 水平上显著相关,而 Ⅷ 度下二者相关性不显著。

表 5.6　PGA 数据按烈度整理结果

烈度	PGA 平均值 /gal		数据量	
	液化	非液化	液化	非液化
Ⅵ 度	0.089	0.058	1	79
Ⅶ 度	0.15	0.13	98	256
Ⅷ 度	0.23	0.23	343	172
Ⅸ 度	0.45	0.48	245	98
Ⅹ 度	0.83	1	45	3
总计	0.33	0.21	732	608

表 5.7　不同烈度下 PGA 与液化的相关系数

烈度	PGA 与液化相关系数
Ⅶ 度	0.527**
Ⅷ 度	0.051
Ⅸ 度	− 0.210**
总相关系数	0.346**

注:** 　表示在 0.01 水平(双侧)上显著相关。

图 5.5 所示为不同烈度下 PGA 与液化相关系数柱状图。在 Ⅶ 度、Ⅷ 度、Ⅸ 度下 PGA 与液化相关性变化较大。在 Ⅶ 度下 PGA 与液化相关系数最大,为 0.527,呈正相关。在 Ⅷ 度下 PGA 与液化相关性最小,为 0.051,呈正相关。由数据及图 5.5 可以看出,在 Ⅷ 度下液化的发生与 PGA 关系不大。在 Ⅸ 度下 PGA 与液化呈负相关,与其他烈度和总相关系数的正负性相反,这与一般认识不符,即在 Ⅸ 度下 PGA 越大越不容易液化,其中原因有待进一步分析。

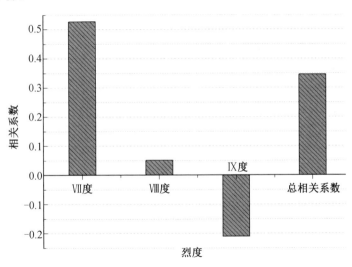

图 5.5　不同烈度下 PGA 与液化相关系数柱状图

5.4　水位埋深与液化的相关性

国内外地震水位埋深数据收集情况如表 5.8 所示,由于国内地震中巴楚地震和汶川地震的特殊性,在研究水位埋深与液化相关性时不考虑这两次地震。综合整理后得到不同饱和砂层埋深范围内水位埋深数据情况,从水位埋深平均值来看,各个饱和砂层埋深范围内液化与非液化数据水位埋深平均值变化不大,在饱和砂层埋深范围 15 ~ 20 m 内水位埋深平均值较大,与其他饱和砂层埋深范围对应情况不同。从数据量来看,各个饱和砂层埋深范围内液化与非液化数据量基本相当。

表 5.8　水位埋深数据按饱和砂层埋深范围整理结果

饱和砂层埋深范围	水位埋深平均值 /m		数据量	
	液化	非液化	液化	非液化
0 ～ 5 m	1.76	1.93	337	195
5 ～ 10 m	2.4	2.5	272	276
10 ～ 15 m	2.0	2.9	103	76
15 ～ 20 m	2.5	6.2	9	21
0 ～ 10 m	2.0	2.3	609	471
10 m 以下	2.0	3.6	112	102
总计	2.0	2.5	721	573

　　表 5.9 为不同饱和砂层埋深范围内水位埋深与液化的相关系数,从各个饱和砂层埋深范围看,除 5 ～ 10 m 内外,其他范围内水位埋深与液化均呈负相关,即认为水位埋深越大饱和砂层越不容易液化;总相关系数为 －0.159,呈负相关,且在 0.01 水平上显著相关;在各个饱和砂层埋深范围内,只有 10 ～ 15 m 内水位埋深与液化显著相关,其他范围内二者相关性均不显著。

表 5.9　不同饱和砂层埋深范围内水位埋深与液化的相关系数

饱和砂层埋深范围	水位埋深与液化相关系数
0 ～ 5 m	－ 0.054
5 ～ 10 m	0.011
10 ～ 15 m	－ 0.351**
15 ～ 20 m	－ 0.354
0 ～ 10 m	－ 0.053
10 m 以下	－ 0.389
总相关系数	－ 0.159**

注:**　表示在 0.01 水平(双侧)上显著相关。

　　图 5.6 所示为不同饱和砂层埋深范围内水位埋深与液化相关系数柱状图,在各个饱和砂层埋深范围内,水位埋深与液化相关性变化较大,在 5 ～ 10 m 内相关性最小,相关系数为 0.011,而在 15 ～ 20 m 内相关性最大,相关系数为 －0.354,在 10 ～ 15 m 和 15 ～ 20 m 内相关系数大小基本相同,但在 10 ～ 15 m 内为显著相关,在 15 ～ 20 m 内相关性不显著。除 5 ～ 10 m 外,其他饱和砂层埋深范围内水位埋深与液化相关性同总的趋势一致,呈负相关,在 10 ～ 15 m 内相关性显著,而其他范围内均不显著。

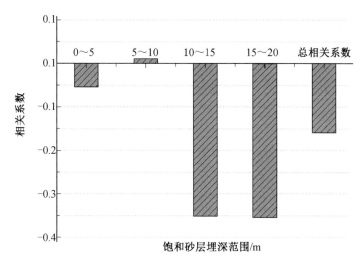

图 5.6　不同饱和砂层埋深范围内水位埋深与液化相关系数柱状图

图 5.7 所示为在 0 ~ 10 m 和 10 m 以下饱和砂层埋深范围内水位埋深与液化相关系数柱状图。如图 5.7 所示,0 ~ 10 m 和 10 m 以下饱和砂层埋深范围内水位埋深与液化均趋于负相关,但在 0 ~ 10 m 内相关性明显小于 10 m 以下。

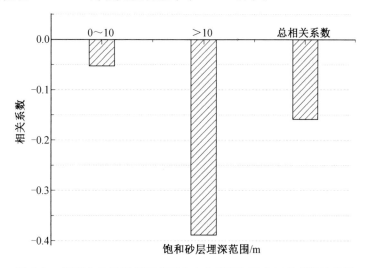

图 5.7　深浅饱和砂层埋深范围内水位埋深与液化相关系数柱状图

表 5.10 为不同水位埋深范围内水位埋深数据情况。从水位埋深平均值来看,各个水位埋深范围内液化与非液化数据水位埋深平均值基本相同,在水位埋深范围 0 ~ 3 m 内,水位埋深平均值相差不多,而水位埋深大于 3 m 时相差较大。从数据量来看,各个水位埋深范围内液化与非液化数据量基本相当。

表 5.10　水位埋深数据按水位埋深范围整理结果

水位埋深范围	水位埋深平均值 /m		数据量	
	液化	非液化	液化	非液化
0.62	0.55	144	77	
1～2 m	1.42	1.4	202	192
2～3 m	2.36	2.4	242	116
0～3 m	1.65	1.5	588	385
3 m 以下	3.9	4.5	133	188
总计	2.0	2.5	721	573

表 5.11 为不同水位埋深范围内水位埋深与液化的相关系数。从各个水位埋深范围看，除 3 m 以下外，水位埋深与液化均呈负相关，即水位埋深越大饱和砂层越不容易液化；在 2～3 m 和 3 m 以下范围内，水位埋深与液化相关性均不显著，而在 0～1 m、1～2 m、0～3 m 范围内与总相关性保持一致，均为显著相关。

表 5.11　不同水位埋深范围内水位埋深与液化的相关系数

水位埋深范围	水位埋深与液化相关系数
0～1 m	−0.134*
1～2 m	−0.235**
2～3 m	−0.064
0～3 m	−0.22**
3 m 以下	0.058
总相关系数	−0.159**

注：** 表示在 0.01 水平（双侧）上显著相关。
　* 表示在 0.05 水平（双侧）上显著相关。

图 5.8 所示为不同水位埋深范围内水位埋深与液化相关系数柱状图。如图 5.8 所示，在各个水位埋深范围内，水位埋深与液化相关性均在负坐标轴侧，呈负相关状态，相关

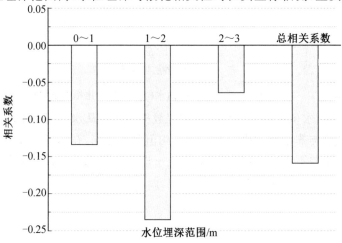

图 5.8　不同水位埋深范围内水位埋深与液化相关系数柱状图

系数大小变化较大,在 2~3 m 内相关性最小,基本可视为无线性相关性,而在 1~2 m 内相关性最大。

图 5.9 所示为水位埋深范围 0~3 m 和 3 m 以上内水位埋深与液化相关系数柱状图。如图 5.9 所示,在水位埋深范围 0~3 m 内水位埋深与液化相关性呈负相关状态,与总相关系数保持一致,而在 3 m 以下范围内水位埋深与液化相关性呈正相关状态,即在 3 m 以下范围内水位埋深越大越易液化,与一般认识相悖,其中原因有待进一步研究。

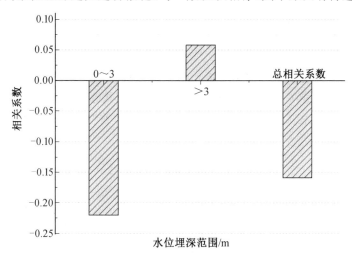

图 5.9　深浅水位埋深范围内水位与液化相关系数柱状图

表 5.12 为不同烈度下水位埋深数据情况,从水位埋深平均值来看,不同烈度下液化与非液化数据水位埋深平均值相差较大,非液化场地均比液化场地大,而且随着烈度的增加,水位埋深平均值逐渐增加。从数据量来看,Ⅵ 度和 Ⅹ 度数据量较少,数据主要集中在 Ⅶ 度、Ⅷ 度、Ⅸ 度,且液化与非液化数据量较为相当。

表 5.12　水位埋深数据按烈度整理

烈度	水位埋深平均值 /m		数据量	
	液化	非液化	液化	非液化
Ⅵ 度	1.0	2.4	1	75
Ⅶ 度	2.06	2.2	91	236
Ⅷ 度	1.8	2.6	339	158
Ⅸ 度	2.18	3.18	245	101
Ⅹ 度	2.6	3.3	45	3
总计	2.0	2.5	721	573

表 5.13 为不同烈度下水位埋深与液化相关系数,由于数据量的关系,本书主要分析 Ⅶ 度、Ⅷ 度、Ⅸ 度下水位埋深与液化的相关关系。如表 5.13 所示,各个烈度下水位埋深与液化相关性与总相关性保持一致,呈负相关状态。Ⅶ 度下二者相关性并不显著,Ⅷ 度、Ⅸ 度下二者为显著相关。

表 5.13　不同烈度下水位埋深与液化的相关系数

烈度	水位埋深与液化相关系数
Ⅶ 度	-0.049
Ⅷ 度	-0.163^{**}
Ⅸ 度	-0.289^{**}
总相关系数	-0.159^{**}

注：**　表示在 0.01 水平（双侧）上显著相关。

　　图 5.10 为不同烈度下水位埋深与液化相关系数柱状图。如图 5.10 所示，在各个烈度下，水位埋深与液化相关性均在负坐标轴侧，呈负相关状态，与总相关系数方向一致，但大小变化较大，Ⅶ 度下相关性最小，基本可视为无线性相关性，而在 Ⅸ 度下水位埋深与液化的相关性最大。

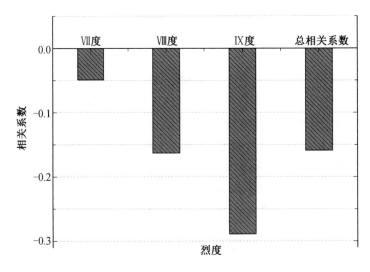

图 5.10　不同烈度下水位埋深与液化相关系数柱状图

5.5　饱和砂层埋深与液化的相关性

　　鉴于巴楚地震和汶川地震的特殊性，在研究饱和砂层埋深与液化相关性时不考虑这两个地震。整理不同饱和砂层埋深范围内饱和砂层埋深数据，得到表 5.14，从饱和砂层埋深平均值来看，各个饱和砂层埋深范围内液化与非液化场地饱和砂层埋深平均值相当；从数据量来看，各个饱和砂层埋深范围内液化与非液化数据量匹配。

表 5.14　饱和砂层埋深数据按饱和砂层埋深范围整理结果

饱和砂层埋深范围	饱和砂层埋深平均值 /m		数据量	
	液化	非液化	液化	非液化
0 ~ 5 m	3.4	3.5	341	207
5 ~ 10 m	6.8	6.8	276	299
10 ~ 15 m	11.9	11.5	105	81
15 ~ 20 m	16.8	17.3	9	21
0 ~ 10 m	4.9	5.4	617	506
10 m 以下	12.3	12.7	114	102
总计	6.1	6.7	731	608

　　表 5.15 为不同饱和砂层埋深范围内饱和砂层埋深与液化相关系数,总相关系数为
-0.367,饱和砂层埋深与液化呈负相关,且在 0.01 水平上显著相关;在各个饱和砂层埋深
范围内,除0 ~ 5 m 和15 ~ 20 m 内饱和砂层埋深与液化相关性不显著外,其他范围内二者均
呈显著相关,且各个范围内二者均呈负相关状态,即饱和砂层埋深越大越不容易液化。

表 5.15　不同饱和砂层埋深范围内饱和砂层埋深与液化的相关系数

饱和砂层埋深范围	饱和砂层埋深与液化相关系数
0 ~ 5 m	-0.038
5 ~ 10 m	$-0.355**$
10 ~ 15 m	$-0.256**$
15 ~ 20 m	-0.166
0 ~ 10 m	$-0.243**$
10 m 以下	$-0.388**$
总相关系数	$-0.367**$

注:** 　表示在 0.01 水平(双侧)上显著相关。

　　图 5.11 所示为不同饱和砂层埋深范围内饱和砂层埋深与液化相关系数柱状图。如
图 5.11 所示,在各个饱和砂层埋深范围内,饱和砂层埋深与液化相关性变化较大,在 0 ~
5 m 内相关性最小,相关系数为 -0.038,而在 5 ~ 10 m 内相关性最大,相关系数为
-0.355。各饱和砂层埋深范围内饱和砂层埋深与液化相关性同总相关系数的趋势相同,
均呈负相关,除在 0 ~ 5 m 和15 ~ 20 m 内相关性不显著外,在其他范围内二者均呈显著
相关。

　　图 5.12 所示为在 0 ~ 10 m 和 10 m 以下饱和砂层埋深范围内饱和砂层埋深与液化相
关系数柱状图。如图 5.12 所示,在 0 ~ 10 m 和 10 m 以下范围内饱和砂层埋深与液化相
关性与总相关性趋势一致,均呈负相关状态,即饱和砂层埋深越大越不容易液化,且在
10 m 以下范围内相关性比0 ~ 10 m 略大。

　　表 5.16 为不同水位埋深范围内饱和砂层埋深数据情况,从饱和砂层埋深平均值来
看,各个水位埋深范围内液化与非液化数据饱和砂层埋深平均值均有较大差别。在水位
埋深范围 0 ~ 3 m 内,饱和砂层埋深平均值相差不多,而在水位埋深范围 3 m 以下相差较
大。从数据量来看,各个水位埋深范围内液化与非液化数据量基本相当。

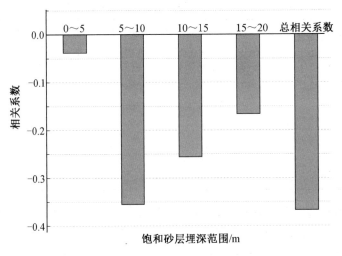

图 5.11　不同饱和砂层埋深范围内饱和砂层埋深与液化相关系数柱状图

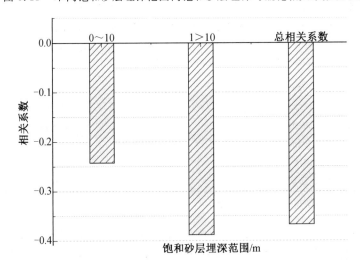

图 5.12　深浅饱和砂层埋深范围内饱和砂层埋深与液化相关系数柱状图

表 5.16　饱和砂层埋深数据按水位埋深范围整理结果

水位埋深范围	饱和砂层埋深平均值 /m		数据量	
	液化	非液化	液化	非液化
0～1 m	6.3	5.2	144	77
1～2 m	5.89	6.3	234	200
2～3 m	6.21	5.7	220	143
0～3 m	6.09	5.95	598	420
3 m 以下	7.3	8.2	133	188
总计	6.1	6.7	731	608

　　表 5.17 为不同水位埋深范围内饱和砂层埋深与液化相关系数,从各个水位埋深范围看,饱和砂层埋深与液化均呈负相关,即饱和砂层埋深越大饱和砂层越不容易液化;在

0 ～ 1 m 内,饱和砂层埋深与液化相关性不显著,而在其他范围内与总相关性保持一致,均为显著相关。二者在 2 ～ 3 m 内为在0.05 水平上显著相关,而在其他范围内为在 0.01水平上显著相关。

表 5.17　 不同水位埋深范围内饱和砂层埋深与液化的相关系数

水位埋深范围	饱和砂层埋深与液化相关系数
0 ～ 1 m	−0.041
1 ～ 2 m	−0.309**
2 ～ 3 m	−0.161*
0 ～ 3 m	−0.194**
3 m 以下	−0.386**
总相关系数	−0.367**

注:** 　表示在 0.01 水平(双侧)上显著相关。

　　* 　表示在 0.05 水平(双侧)上显著相关。

　　图 5.13 所示为在不同水位埋深范围内饱和砂层埋深与液化相关系数柱状图。如图 5.13 所示,在各个水位埋深范围内,饱和砂层埋深与液化相关性均在负坐标轴侧,与总相关系数趋势一致,呈负相关状态,大小变化较大,0 ～ 1 m 内相关性最小,可视为无线性相关性,而在 1 ～ 2 m 内,相关性最大。

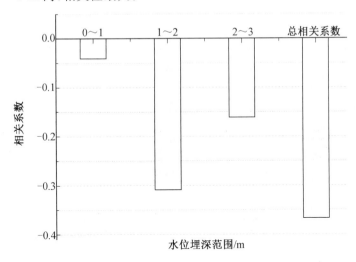

图 5.13　 不同水位埋深范围内饱和砂层埋深与液化相关系数柱状图

　　图 5.14 所示为在水位埋深范围0 ～ 3 m 和 3 m 以下内饱和砂层埋深与液化相关系数柱状图。如图 5.14 所示,在 0 ～ 3 m 和 3 m 以下范围内饱和砂层埋深与液化相关性呈负相关状态,与总相关系数保持一致,而在 3 m 以下范围内饱和砂层埋深与液化的相关性大于在 0 ～ 3 m 范围内。

　　表 5.18 为不同烈度下饱和砂层埋深数据情况,从饱和砂层埋深平均值来看,不同烈度下液化与非液化数据饱和砂层埋深平均值相差较大,非液化场地普遍较液化场地大,随着烈度的增加,饱和砂层埋深的平均值略有增加,非液化场地尤为如此。从数据量来看,Ⅵ 度和Ⅹ 度数据量较少,数据主要集中在 Ⅶ 度、Ⅷ 度、Ⅸ 度,且液化与非液化数据量较为相当。

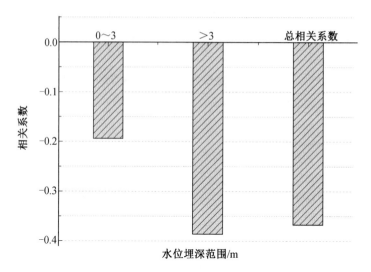

图 5.14　深浅水位埋深范围内饱和砂层埋深与液化相关系数柱状图

表 5.18　饱和砂层埋深数据按烈度整理结果

烈度	饱和砂层埋深平均值 /m		数据量	
	液化	非液化	液化	非液化
Ⅵ 度	4.0	6.7	1	79
Ⅶ 度	6.1	6.6	97	257
Ⅷ 度	6.0	6.3	340	171
Ⅸ 度	6.1	7.4	245	98
Ⅹ 度	6.5	8.9	48	3
总计	6.1	6.7	731	608

　　表 5.19 为不同烈度下饱和砂层埋深与液化的相关系数。由于数据量的关系,本书主要分析 Ⅶ 度、Ⅷ 度、Ⅸ 度下饱和砂层埋深与液化的相关关系。如表 5.19 所示,从各个烈度看,饱和砂层埋深与液化相关性与总相关性保持一致,呈负相关状态,且均为显著相关。

表 5.19　不同烈度下饱和砂层埋深与液化的相关系数

烈度	饱和砂层埋深与液化相关系数
Ⅶ 度	− 0.428**
Ⅷ 度	− 0.173**
Ⅸ 度	− 0.366**
总相关系数	− 0.367**

注:**　表示在 0.01 水平(双侧)上显著相关。

　　图 5.15 所示为不同烈度下饱和砂层埋深与液化相关系数柱状图。如图 5.15 所示,在各个烈度下,饱和砂层埋深与液化相关性均在负坐标轴侧,呈负相关状态,与总相关系数方向一致,但大小变化较大,Ⅶ 度下相关性最大,Ⅷ 度下相关性最小。

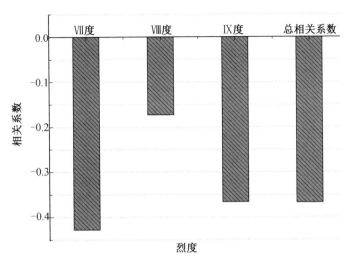

图 5.15　不同烈度下饱和砂层埋深与液化相关系数柱状图

5.6　标贯击数与液化的相关性

收集国内外 SPT 标贯击数数据,整理得到不同饱和砂层埋深范围内标贯击数数据,如表 5.20 所示。从标贯击数平均值来看,各个饱和砂层埋深范围内非液化场地标贯击数平均值均大于液化场地,并且随着饱和砂层埋深的增加标贯击数平均值也增加;从数据量来看,各个饱和砂层埋深范围内液化与非液化数据量基本相当。

表 5.20　标贯击数数据按饱和砂层埋深范围整理结果

饱和砂层埋深范围	标贯击数平均值／击		数据量	
	液化	非液化	液化	非液化
0～5 m	7.0	13.3	267	132
5～10 m	8.8	18.2	168	129
10～15 m	12.1	22.1	46	62
15～20 m	19	26	6	21
0～10 m	7.74	15.7	435	261
10 m 以下	13	23	52	83
总计	8.3	17.5	487	344

表 5.21 为不同饱和砂层埋深范围内标贯击数与液化相关系数,总相关系数为 -0.482,与液化呈负相关,且在 0.01 水平上显著相关;在各个饱和砂层埋深范围内,除在 15～20 m 内标贯击数与液化相关性不显著外,在其他范围内二者均呈显著相关,且呈负相关状态,即标贯击数越大越不容易发生液化。

表 5.21　不同饱和砂层埋深范围内标贯击数与液化的相关系数

饱和砂层埋深范围	标贯击数与液化相关系数
0～5 m	－0.415**
5～10 m	－0.53**
10～15 m	－0.439**
15～20 m	－0.207
0～10 m	－0.489**
10 m 以下	－0.42**
总相关系数	－0.482**

注:**　表示在 0.01 水平(双侧)上显著相关。

图 5.16 所示为不同饱和砂层埋深范围内标贯击数与液化相关系数柱状图。如图 5.16 所示,在各个饱和砂层埋深范围内,标贯击数与液化相关性变化较大,在 15～20 m 内相关性最小,相关系数为－0.207,而在 5～10 m 内相关性最大,相关系数为－0.53。各饱和砂层埋深范围内标贯击数与液化相关性同总相关系数的趋势相同,均呈负相关,除在 15～20 m 内相关性不显著外,在其他范围内二者均呈显著相关。

图 5.17 所示为 0～10 m 和 10 m 以下饱和砂层埋深范围内标贯击数与液化相关系数柱状图。如图 5.17 所示,0～10 m 和 10 m 以下饱和砂层埋深范围内标贯击数与液化相关性与总相关性趋势一致,均呈负相关状态,即标贯击数越大越不容易液化,且均显著相关,在 10 m 以下范围内的相关性比 0～10 m 略小。

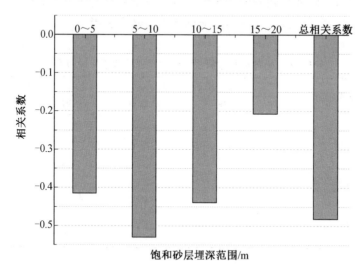

图 5.16　不同饱和砂层埋深范围内标贯击数与液化相关系数柱状图

表 5.22 为不同水位埋深范围内标贯击数数据情况。从标贯击数平均值来看,各个水位埋深范围内非液化场地标贯击数平均值普遍大于液化场地。从数据量来看,各个水位埋深范围内液化与非液化数据量基本相当。

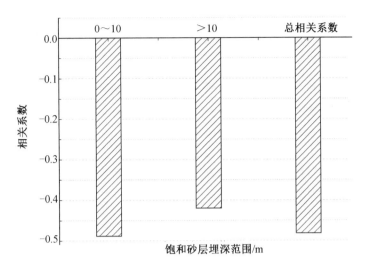

图 5.17　深浅饱和砂层埋深范围内标贯击数与液化相关系数柱状图

表 5.22　标贯击数数据按水位埋深范围整理结果

水位埋深范围	标贯击数平均值／击		数据量	
	液化	非液化	液化	非液化
0～1 m	6.7	13.5	113	33
1～2 m	7.8	17.7	140	141
2～3 m	8.3	15.6	150	86
0～3 m	7.7	16.5	403	260
3 m 以下	11.3	20.4	84	84
总计	8.3	17.5	487	344

　　表 5.23 为不同水位埋深范围内标贯击数与液化的相关系数。表 5.23 显示,标贯击数与液化呈负相关,即标贯击数越大饱和砂层越不容易液化,且各个水位埋深范围内均为在 0.01 水平上显著相关。

表 5.23　不同水位埋深范围内标贯击数与液化的相关系数

水位埋深范围	标贯击数与液化相关系数
0～1 m	−0.477**
1～2 m	−0.571**
2～3 m	−0.414*
0～3 m	−0.509**
3 m 以下	−0.341**
总相关系数	−0.482**

注:** 　表示在 0.01 水平(双侧)上显著相关。
　　* 　表示在 0.05 水平(双侧)上显著相关。

　　图 5.18 为不同水位埋深范围内标贯击数与液化相关系数柱状图。如图 5.18 所示,在各个水位埋深范围内,标贯击数与液化相关性均在负坐标轴侧,与总相关系数趋势一致,呈负相关状态,相关系数大小变化较小,在 2～3 m 内相关性最小,而在 1～2 m 内相关性最大。

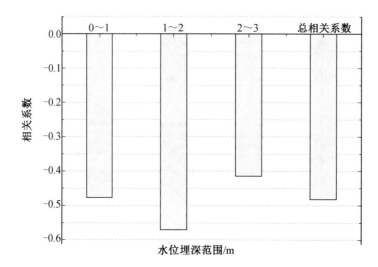

图 5.18 不同水位埋深范围内标贯击数与液化相关系数柱状图

图 5.19 所示为水位埋深范围 0～3 m 和 3 m 以下标贯击数与液化相关系数柱状图。如图 5.19 所示,在 0～3 m 和 3 m 以下范围内标贯击数与液化相关性位于负坐标轴侧,呈负相关状态,与总相关系数趋势保持一致,而在 0～3 m 内标贯击数与液化的相关性大于在 3 m 以下。

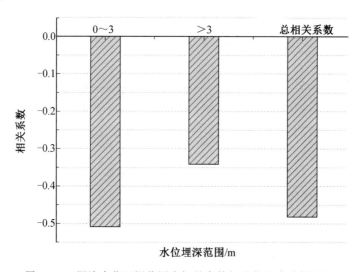

图 5.19 深浅水位埋深范围内标贯击数与液化相关系数柱状图

表 5.24 为不同烈度下标贯击数数据情况,从标贯击数平均值来看,不同烈度下液化与非液化标贯击数平均值相差较大,特别是高烈度下,非液化场地标贯击数平均值普遍较液化场地大。从数据量来看,Ⅵ 度和 Ⅹ 度数据量较少,数据主要集中在 Ⅶ 度、Ⅷ 度、Ⅸ 度。

表 5.25 为不同烈度下标贯击数 N 与液化相关系数。由于数据量的关系,本书主要分析 Ⅶ 度、Ⅷ 度、Ⅸ 度下标贯击数与液化的相关关系。如表 5.25 所示,各个烈度下标贯击数与液化相关性与总相关性保持一致,呈负相关状态,且均为在 0.01 水平上显著相关。

表 5.24　标贯击数数据按烈度整理结果

烈度	标贯击数平均值 / 击		数据量	
	液化	非液化	液化	非液化
Ⅵ 度	5	6.3	1	18
Ⅶ 度	6.5	13.5	51	129
Ⅷ 度	6.5	12.3	266	118
Ⅸ 度	11.8	33.7	136	76
Ⅹ 度	10.8	44.7	33	3
总计	8.3	17.5	487	344

表 5.25　不同烈度下标贯击数与液化的相关系数

烈度	标贯击数与液化相关系数
Ⅶ 度	− 0.572**
Ⅷ 度	− 0.539**
Ⅸ 度	− 0.71**
总相关系数	− 0.482**

注:** 表示在 0.01 水平(双侧)上显著相关。

图 5.20 所示为不同烈度下标贯击数与液化相关系数柱状图。如图 5.20 所示,在各个烈度下,标贯击数与液化相关性均在负坐标轴侧,呈负相关状态,与总相关系数趋势一致。各烈度下相关系数大小略有变化,Ⅸ 度下相关性最大,而 Ⅷ 度下相关性最小。

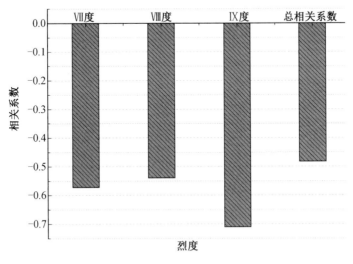

图 5.20　不同烈度下标贯击数与液化相关系数柱状图

5.7　剪切波速与液化的相关性

收集国内外地震中剪切波速 V_s 数据，由于汶川地震属于砂砾土液化，以及巴楚地震波速有其特殊性，因此本书收集的数据中不包含这两个地震的数据，综合整理得到表5.26，为不同饱和砂层埋深范围内剪切波速 V_s 数据情况。从剪切波速 V_s 平均值来看，各个饱和砂层埋深范围内液化与非液化场地剪切波速平均值相差不大。从数据量来看，除饱和砂层埋深范围15～20 m内数据量少外，其他饱和砂层埋深范围内液化与非液化数据量基本相当。

表 5.26　剪切波速 V_s 数据按饱和砂层埋深范围整理结果

饱和砂层埋深范围	剪切波速 V_s 平均值 /(m·s^{-1})		数据量	
	液化	非液化	液化	非液化
0～5 m	123	145	59	49
5～10 m	157	155	54	97
10～15 m	199	186	28	10
15～20 m	201	—	2	0
0～10 m	139	152	113	146
10 m 以下	199	186	30	10
总计	152	154	143	156

表5.27为不同饱和砂层埋深范围内剪切波速与液化相关系数。由于饱和砂层埋深范围15～20 m内液化数据量较少且缺少非液化数据，不予分析。剪切波速 V_s 与液化总相关系数为 -0.128，与液化呈负相关，即剪切波速越大越不容易发生液化，非显著相关。在各个饱和砂层埋深范围内，在0～5 m和0～10 m内 V_s 与液化呈显著相关，其他饱和砂层埋深范围内二者相关性均不显著。

表 5.27　不同饱和砂层埋深范围内剪切波速 V_s 与液化的相关系数

饱和砂层埋深范围	剪切波速 V_s 与液化相关系数
0～5 m	$-0.268**$
5～10 m	-0.053
10～15 m	-0.202
0～10 m	$-0.193**$
10 m 以下	-0.181
总相关系数	-0.128

注：** 表示在0.01水平(双侧)上显著相关。

图5.21为不同饱和砂层埋深范围内剪切波速 V_s 与液化相关系数柱状图。如图5.21所示，在各个饱和砂层埋深范围内，剪切波速 V_s 与液化相关性同总相关系数的趋势相同，均在负坐标轴侧，呈负相关状态。不同饱和砂层埋深范围内相关系数大小变化较大，在5～10 m内相关性最小，为 -0.053，而在0～5 m范围内相关性最大，为 -0.268，且为显著相关，与其他饱和砂层埋深范围内情况不同。

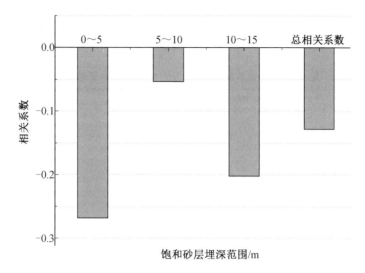

图 5.21　不同饱和砂层埋深范围内剪切波速 V_s 与液化相关系数柱状图

图 5.22 所示为饱和砂层埋深范围 $0 \sim 10$ m 和 10 m 以下范围内剪切波速 V_s 与液化相关系数柱状图。如图 5.22 所示,在 $0 \sim 10$ m 和 10 m 以下范围内剪切波速 V_s 与液化相关性与总相关性趋势一致,均呈负相关状态,在 $0 \sim 10$ m 内剪切波速 V_s 与液化相关性略大于 10 m 以下,且在 $0 \sim 10$ m 内为显著相关,在 10 m 以下范围内二者相关性不显著。

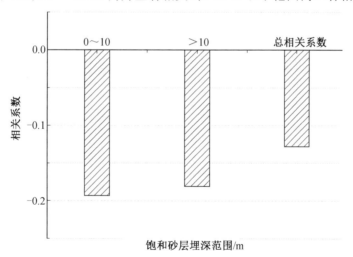

图 5.22　深浅饱和砂层埋深范围内剪切波速 V_s 与液化相关系数柱状图

表 5.28 为不同水位埋深范围内剪切波速 V_s 数据情况。从剪切波速平均值来看,各个水位埋深范围内液化与非液化剪切波速 V_s 平均值差别不大。总体来看在水位埋深范围 $0 \sim 3$ m 内剪切波速 V_s 平均值略小于在 3 m 以下。从数据量来看,各个水位埋深范围内液化与非液化数据量基本相当。

表 5.29 为不同水位埋深范围内剪切波速 V_s 与液化相关系数。从各个水位埋深范围看,剪切波速 V_s 与液化的相关系数正负性和大小均变化较大,在 $0 \sim 1$ m 内,剪切波速 V_s

与液化呈正相关,与总相关系数趋势相反,且在 0.05 水平上显著相关;在 1 ～ 2 m、2 ～ 3 m 和 0 ～ 3 m 内相关性均不显著;在 3 m 以下范围内剪切波速 V_s 与液化呈负相关,且在 0.05 水平上显著相关。

表 5.28 剪切波速 V_s 数据按水位埋深范围整理结果

水位埋深范围	剪切波速 V_s 平均值 /(m·s⁻¹)		数据量	
	液化	非液化	液化	非液化
0 ～ 1 m	158	140.5	15	36
1 ～ 2 m	144	147	57	46
2 ～ 3 m	159	139	36	25
0 ～ 3 m	151	143	108	107
3 m 以下	154	177	35	49
总计	152	154	143	156

表 5.29 不同水位埋深范围内剪切波速 V_s 与液化的相关系数

水位埋深范围	剪切波速 V_s 与液化相关系数
0 ～ 1 m	0.287*
1 ～ 2 m	− 0.043
2 ～ 3 m	0.224
0 ～ 3 m	0.111
3 m 以下	− 0.277*
总相关系数	− 0.128

注:* 表示在 0.05 水平(双侧)上显著相关。

图 5.23 所示为不同水位埋深范围内剪切波速 V_s 与液化相关系数柱状图。如图 5.23 所示,在各个水位埋深范围内,仅 1 ～ 2 m 内剪切波速 V_s 与液化的相关性同总相关系数趋势一致,呈负相关状态,但相关性最小;在 0 ～ 1 m 和 2 ～ 3 m 内剪切波速 V_s 与液化呈正相关状态,与总相关系数趋势相反,即在这两个范围内剪切波速越大越容易液化,与一般

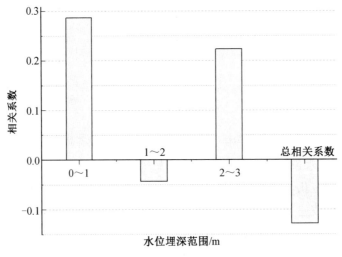

图 5.23 不同水位埋深范围内剪切波速 V_s 与液化相关系数柱状图

认识不符,其中原因有待进一步研究。

图 5.24 所示为水位埋深范围 0 ～ 3 m 和 3 m 以下剪切波速 V_s 与液化相关系数柱状图。如图 5.24 所示,浅水位埋深范围 0 ～ 3 m 内剪切波速 V_s 与液化呈正相关,而在 3 m 以下范围内剪切波速 V_s 与液化呈负相关。

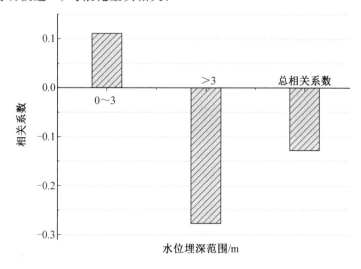

图 5.24　深浅水位埋深范围内剪切波速 V_s 与液化相关系数柱状图

表 5.30 为不同烈度下剪切波速 V_s 数据情况,从剪切波速 V_s 平均值来看,不同烈度下非液化场地剪切波速 V_s 平均值普遍较液化场地大,而且随着烈度的增加,剪切波速 V_s 的平均值略有增加。从数据量来看,Ⅵ 度和 Ⅹ 度数据量较少,数据主要集中在 Ⅶ 度、Ⅷ 度、Ⅸ 度,且液化与非液化数据量较为相当。

表 5.30　剪切波速 V_s 数据按烈度整理结果

烈度	剪切波速 V_s 平均值 /$(m \cdot s^{-1})$		数据量	
	液化	非液化	液化	非液化
Ⅵ 度	—	160	0	50
Ⅶ 度	123	141	23	57
Ⅷ 度	163	156	73	35
Ⅸ 度	144	179	43	14
Ⅹ 度	192	—	4	0
总计	152	154	143	156

表 5.31 为不同烈度下剪切波速 V_s 与液化相关系数,由于数据量的关系,本书主要分析 Ⅶ 度、Ⅷ 度、Ⅸ 度下剪切波速 V_s 与液化的相关关系。如表 5.31 所示,从各个烈度看,Ⅶ 度下剪切波速 V_s 与液化在 0.05 水平上呈显著相关;Ⅷ 度下剪切波速 V_s 与液化相关性不显著;Ⅸ 度下剪切波速 V_s 与液化相关性在 0.01 水平上呈显著相关。

表 5.31　不同烈度下剪切波速 V_s 与液化的相关系数

烈度	剪切波速 V_s 与液化相关系数
Ⅶ 度	-0.278^*
Ⅷ 度	0.083
Ⅸ 度	-0.416^{**}
总相关系数	-0.128

注:** 表示在 0.01 水平(双侧)上显著相关。
* 表示在 0.05 水平(双侧)上显著相关。

图 5.25 所示为不同烈度下剪切波速 V_s 与液化相关系数柱状图。如图 5.25 所示,在各个烈度下,剪切波速 V_s 与液化的相关性大小和方向变化均较大,Ⅶ 度下,剪切波速 V_s 与液化的相关性与总相关系数方向一致,呈负相关状态;Ⅷ 度下,剪切波速与液化相关性最小,且与总相关系数方向相反,呈正相关状态;Ⅸ 度下,剪切波速与液化的相关性与总相关系数方向一致,呈负相关状态,且相关性最大。

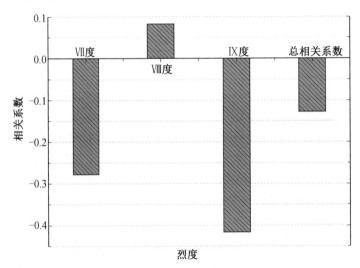

图 5.25　不同烈度下剪切波速 V_s 与液化相关系数柱状图

5.8　各特征参数与液化相关性的对比

综合整理影响液化的场地特征参数与液化相关系数,如表 5.32 所示,表中相关系数为综合国内外地震液化数据得到的液化主要影响参数水位埋深、饱和砂层埋深、PGA、标贯击数及剪切波速的总相关系数。如表 5.32 所示,水位埋深、饱和砂层埋深、PGA、标贯击数与液化均为在 0.01 水平上显著相关,而剪切波速与液化相关性较不显著。

表 5.32　特征参数与液化的相关性汇总

特征参数	水位埋深	饱和砂层埋深	PGA	标贯击数	剪切波速
总相关系数	-0.159^{**}	-0.367^{**}	0.346^{**}	-0.482^{**}	-0.128

注:** 表示在 0.01 水平(双侧)上显著相关。

图 5.26 所示为特征参数与液化总相关系数柱状图。如图 5.26 所示,水位埋深、饱和砂层埋深、标贯击数和剪切波速与液化的相关系数在负坐标轴侧,呈负相关,PGA 与液化呈正相关;标贯击数与液化的相关性最大,其次为饱和砂层埋深、PGA 和水位埋深,最小为剪切波速。标贯击数与液化的总相关系数大小约为水位埋深与液化的总相关系数的 3 倍,约为饱和砂层埋深和 PGA 与液化的总相关系数的 1.5 倍。剪切波速与液化相关性最小,为非显著相关,剪切波速与标贯击数相似,均表示场地的软硬程度,但二者与液化相关性差别较大,其中原因可能与场地剪切波速数据完整性有关,也可能与现有剪切波速测试技术有关。

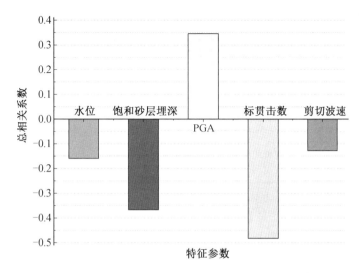

图 5.26　特征参数与液化总相关系数柱状图

图 5.27 为标贯击数相关系数与其他特征参数相关系数的比值,坐标轴的正负表示各特征参数相关系数的正负性。

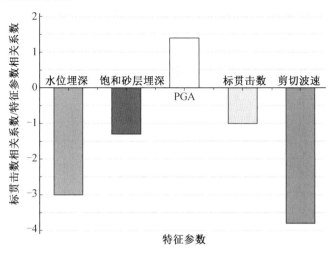

图 5.27　标贯击数相关系数与其他特征参数相关系数的比值

表 5.33 为不同饱和砂层埋深范围内各特征参数与液化的相关系数。在 0 ～ 5 m 内,

标贯击数和剪切波速与液化在 0.01 水平上显著相关，PGA 与液化在 0.05 水平上显著相关，水位埋深和饱和砂层埋深与液化相关性不显著。在 5～10 m 内，水位埋深、PGA 和标贯击数均与液化在 0.01 水平上显著相关，水位埋深和剪切波速与液化相关性不显著。在 10～15 m 内，水位埋深、饱和砂层埋深、PGA 和标贯击数与液化在 0.01 水平上显著相关，剪切波速与液化相关性不明显。在 15～20 m 内，PGA 与液化在 0.01 水平上显著相关，而水位埋深、饱和砂层埋深、标贯击数与液化相关性均不显著。浅饱和砂层埋深 0～10 m 范围内，饱和砂层埋深、PGA、标贯击数和剪切波速与液化在 0.01 水平上显著相关，水位埋深与液化相关性不显著。深饱和砂层埋深 10 m 以下范围内，饱和砂层埋深、PGA 和标贯击数与液化在 0.01 水平上显著相关，水位埋深和剪切波速与液化相关性不显著。

表 5.33　不同饱和砂层埋深范围内各特征参数与液化的相关性

饱和砂层埋深范围	水位埋深	饱和砂层埋深	PGA	标贯击数	剪切波速
0～5 m	-0.054	-0.038	0.098^{*}	-0.415^{**}	-0.268^{**}
5～10 m	0.011	-0.355^{**}	0.418^{**}	-0.53^{**}	-0.053
10～15 m	-0.351^{**}	-0.256^{**}	0.338^{**}	-0.439^{**}	-0.202
15～20 m	-0.354	-0.166	0.525^{**}	-0.207	—
0～10 m	-0.053	-0.243^{**}	0.352^{**}	-0.489^{**}	-0.193^{**}
10 m 以下	-0.389	-0.388^{**}	0.322^{**}	-0.42^{**}	-0.181

注：$**$　表示在 0.01 水平（双侧）上显著相关。

　　$*$　表示在 0.05 水平（双侧）上显著相关。

图 5.28 所示为不同饱和砂层埋深范围内各特征参数与液化相关系数柱状图，图 5.29 所示为不同饱和砂层埋深范围内标贯击数相关系数与其他特征参数相关系数的比值。如图 5.28 所示，在各个饱和砂层埋深范围内，PGA 相关系数位于正坐标轴侧，与液化呈正相关；饱和砂层埋深、水位埋深、标贯击数和剪切波速相关系数位于负坐标轴侧，与液化呈负相关。在 0～5 m 内，标贯击数与液化相关性最大，其次为剪切波速、PGA、水位埋深和饱和砂层埋深，且相关系数大小标贯击数约是水位埋深和饱和砂层埋深的 10 倍，约是 PGA

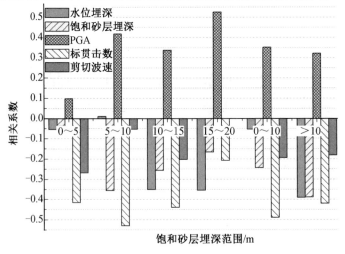

图 5.28　不同饱和砂层埋深范围内各特征参数与液化相关系数柱状图

的 4 倍,约是剪切波速的 1.5 倍。在 5 ～ 10 m 内,标贯击数与液化相关性最大,其次为 PGA、饱和砂层埋深、剪切波速和水位埋深,且相关性大小标贯击数约是水位埋深的 50 倍,约是饱和砂层埋深的 1.5 倍,约是 PGA 的 1.2 倍,约是剪切波速的 10 倍。在 10 ～ 15 m 内,标贯击数与液化的相关性最大,其次为 PGA、水位埋深、饱和砂层埋深和剪切波速,且相关性大小标贯击数约为剪切波速的 2 倍,约是 PGA 的 1.2 倍,约是饱和砂层埋深的 1.2 倍,约是水位埋深的 1.8 倍。在 15 ～ 20 m 范围内,PGA 与液化相关性最大,其次为水位埋深、标贯击数和饱和砂层埋深,而剪切波速在 15 ～ 20 m 范围内没有数据,相关性大小 PGA 约是水位埋深的 1.5 倍,约是饱和砂层埋深的 3.6 倍,约是标贯击数的 2.8 倍。在浅饱和砂层埋深 0 ～ 10 m 范围内,标贯击数与液化的相关性最大,其次为 PGA、饱和砂层埋深、剪切波速和水位埋深,且相关性大小标贯击数约是水位埋深的 9 倍,约是饱和砂层埋深的 1.8 倍,约是 PGA 的 1.5 倍,约是剪切波速的 2.3 倍。在深饱和砂层埋深 10 m 以下范围内,标贯击数与液化相关性最大,其次为水位埋深、饱和砂层埋深、PGA 和剪切波速,且相关性大小标贯击数约是水位埋深和饱和砂层埋深的 1.1 倍,约是 PGA 的 1.3 倍,约是剪切波速的 2.3 倍。

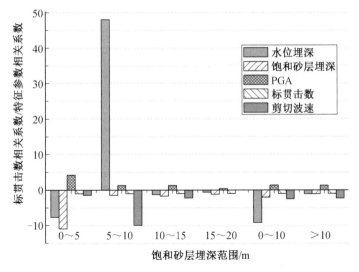

图 5.29　不同饱和砂层埋深范围内标贯击数相关系数与其他特征参数相关系数的比值

表 5.34 为不同水位埋深范围内特征参数与液化相关系数,在 0 ～ 1 m 内,标贯击数和 PGA 与液化在 0.01 水平上显著相关,水位埋深和剪切波速与液化在 0.05 水平上显著相关,饱和砂层埋深与液化相关性不显著。在 1 ～ 2 m 内,水位埋深、饱和砂层埋深、PGA 和标贯击数均与液化在 0.01 水平上显著相关,剪切波速与液化相关性不显著。在 2 ～ 3 m 内,PGA 与液化在 0.01 水平上显著相关,饱和砂层埋深和标贯击数与液化在 0.05 水平上显著相关,水位埋深和剪切波速与液化相关性不明显。浅水位埋深 0 ～ 3 m 内,水位埋深、饱和砂层埋深、PGA 和标贯击数与液化在 0.01 水平上显著相关,剪切波速与液化相关性不显著。深水位埋深 3 m 以下范围内,饱和砂层埋深、PGA 和标贯击数与液化在 0.01 水平上显著相关,剪切波速与液化在 0.05 水平上显著相关,水位埋深与液化相关性不显著。

表 5.34　不同水位埋深范围内特征参数与液化的相关系数

水位埋深范围	水位埋深	饱和砂层埋深	PGA	标贯击数	剪切波速
0～1 m	−0.134*	−0.041	0.419**	−0.477**	0.287*
1～2 m	−0.235**	−0.309**	0.389**	−0.571**	−0.043
2～3 m	−0.064	−0.161*	0.313**	−0.414*	0.224
0～3 m	−0.22**	−0.194*	0.365**	−0.509**	0.111
3 m 以下	0.058	−0.386**	0.350**	−0.341**	−0.277*

注:** 表示在 0.01 水平(双侧)上显著相关。

* 表示在 0.05 水平(双侧)上显著相关。

图 5.30 所示为不同水位埋深范围内特征参数与液化相关系数柱状图,图 5.31 所示为不同水位埋深范围内标贯击数相关系数与其他特征参数相关系数的比值。如图 5.30 所示,在水位埋深范围 0～1 m 内,水位埋深、饱和砂层埋深和标贯击数与液化呈负相关,PGA 和剪切波速与液化呈正相关,且标贯击数与液化的相关性最大,其次为 PGA、剪切波速、水位埋深和饱和砂层埋深,且标贯击数的相关系数约是水位埋深的 4 倍,约是饱和砂层埋深的 11 倍,约是 PGA 的 1.1 倍,约是剪切波速的 2 倍。在 1～2 m 内,水位埋深、饱和砂层埋深、标贯击数和剪切波速与液化呈负相关,PGA 与液化呈正相关,且标贯击数与液化的相关性最大,其次为 PGA、饱和砂层埋深、水位埋深和剪切波速,且标贯击数的相关系数约是水位埋深的 2.5 倍,约是饱和砂层埋深的 2 倍,约是 PGA 的 1.8 倍,约是剪切波速的 13 倍。在 2～3 m 内,水位埋深、饱和砂层埋深和标贯击数与液化呈负相关,PGA 和剪切波速与液化呈正相关,且标贯击数与液化的相关性最大,其次为 PGA、剪切波速、饱和砂层埋深和水位埋深,标贯击数的相关系数约是水位埋深的 6.5 倍,约是饱和砂层埋深的 2.5 倍,约是 PGA 的 1.6 倍,约是剪切波速的 2 倍。在浅水位 0～3 m 范围内,水位埋深、饱和砂层埋深和标贯击数与液化呈负相关,PGA 和剪切波速与液化呈正相关,其中标贯击数与液化的相关性最大,其次为 PGA、水位埋深、饱和砂层埋深和剪切波速,且标贯击数与液化的相关系数约是水位埋深的 2.1 倍,约是饱和砂层埋深的 2.2 倍,约是 PGA 的 1.7 倍,约是剪切波速的 4.8 倍。深水位埋深 3 m 以下范围内,饱和砂层埋深、标贯击数和剪切波速与液化呈负相关,水位埋深和 PGA 与液化呈正相关,其中饱和砂层埋深与液化的相关性最大,其次为 PGA、标贯击数、剪切波速和水位埋深,且标贯击数与液化相关系数约是水位埋深的 6 倍,约是饱和砂层埋深的 0.9 倍,约是 PGA 的 0.97 倍,约是剪切波速的 1.2 倍。

表 5.35 为不同烈度下各特征参数与液化相关系数,Ⅶ 度下饱和砂层埋深、标贯击数和 PGA 与液化在 0.01 水平上显著相关,剪切波速与液化在 0.05 水平上显著相关,水位埋深与液化相关性不显著。Ⅷ 度下,水位埋深、饱和砂层埋深和标贯击数均与液化在 0.01 水平上显著相关,PGA 和剪切波速与液化相关性不显著。Ⅸ 度下,水位埋深、饱和砂层埋深、PGA、标贯击数和剪切波速与液化在 0.01 水平上均呈显著相关。

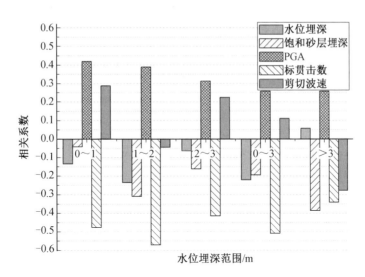

图 5.30　不同水位埋深范围内特征参数与液化相关系数柱状图

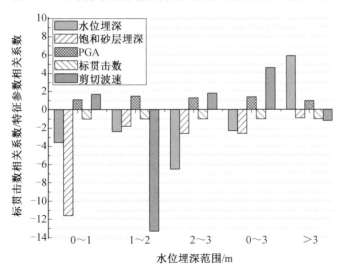

图 5.31　不同水位范围内标贯与其他特征参数相关系数得比值

表 5.35　不同烈度下各特征参数与液化的相关系数

烈度	水位埋深	饱和砂层埋深	PGA	标贯击数	剪切波速
Ⅶ 度	-0.049	-0.428^{**}	0.527^{**}	-0.572^{**}	-0.278^{*}
Ⅷ 度	-0.163^{**}	-0.173^{**}	0.051	-0.539^{**}	0.083
Ⅸ 度	-0.289^{**}	-0.366^{**}	-0.210^{**}	-0.71^{**}	-0.416^{**}

注：**　表示在 0.01 水平（双侧）上显著相关。

　　*　表示在 0.05 水平（双侧）上显著相关。

图 5.32 所示为不同烈度下特征参数与液化相关系数柱状图，图 5.33 所示为不同烈度下标贯击数相关系数与其他特征参数相关系数的比值。如图 5.32 所示，在 Ⅶ 度下，水位埋深、饱和砂层埋深、标贯击数和剪切波速与液化呈负相关，PGA 与液化呈正相关，且标贯击数与液化相关性最大，其次为 PGA、饱和砂层埋深、剪切波速和水位埋深，其中标贯击数与液化的相关系数约是水位埋深的 12 倍，约是饱和砂层埋深的 1.3 倍，约是 PGA 的 1.1 倍，约是剪切波速的 2 倍。在 Ⅷ 度下，水位埋深、饱和砂层埋深和标贯击数与液化呈负相关，PGA 和剪切波速与液化呈正相关，且标贯击数与液化相关性最大，其次为饱和砂层埋深、水位埋深、剪切波速和 PGA，其中标贯击数与液化的相关系数约是水位埋深的 3.3 倍，约是饱和砂层埋深 3.1 倍，约是 PGA 的 11 倍，约是剪切波速的 6.5 倍。在 Ⅸ 度下，水位埋深、饱和砂层埋深、PGA、标贯击数和剪切波速与液化均呈负相关，且标贯击数

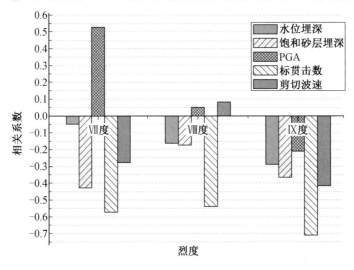

图 5.32　不同烈度下特征参数与液化相关系数柱状图

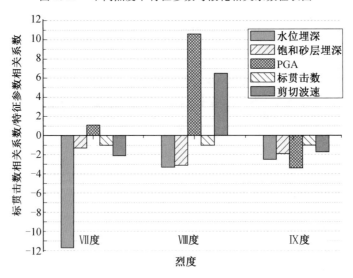

图 5.33　不同烈度下标贯击数相关系数与其他特征参数相关系数的比值

与液化的相关性最大,其次为剪切波速、饱和砂层埋深、水位埋深和 PGA,其中标贯击数与液化的相关系数约是水位埋深的 2.5 倍,约是饱和砂层埋深的 2 倍,约是 PGA 的 3.5 倍,约是剪切波速的 1.7 倍。

5.9　本章小结

本章共收集了 51 个国内外地震的 5 103 例数据,利用皮氏积距相关系数法分析了影响砂土液化的 PGA、水位埋深、饱和砂层埋深、标贯击数以及剪切波速等几个特征参数与液化的相关性问题,给出了其相关程度,对比分析了在不同饱和砂层埋深范围、水位埋深范围和烈度下各特征参数与液化相关性的表现以及各特征参数相关系数间的关系,得到了实际动荷情况、真实埋藏条件以及现场实测土力学指标与液化关联性的真实结果,为深化土层与地震动特征量与液化关系的认识、检验现有液化判别方法提供了支持。

本章的主要工作和结论如下。

(1) 共收集国内外 PGA 数据 1 340 例,利用相关性理论,分析得知 PGA 与液化总相关系数为 0.346,呈正相关,即 PGA 越大越容易液化,且在 0.01 水平上呈显著相关。

(2) 在不同饱和砂层埋深范围内,PGA 与液化均呈正相关,且均呈显著相关;除在饱和砂层埋深范围 0 ~ 5 m 内为在 0.05 水平上显著相关外,在其他范围内均为在 0.01 水平上显著相关;在 0 ~ 5 m 内相关性最小,相关系数为 0.098;在 15 ~ 20 m 内相关性最大,为 0.525;在 0 ~ 10 m 和 10 m 以下范围内均呈正相关,与总相关性大小基本一致。

(3) 在不同水位埋深范围内,PGA 与液化均呈正相关,且均为在 0.01 水平上显著相关;在水位埋深范围 0 ~ 3 m 和 3 m 以下内 PGA 与液化相关系数变化不大,均与总相关性相似;在 0 ~ 1 m 内相关性最大,相关系数为 0.419;在 2 ~ 3 m 内相关性最小,相关系数为 0.313。因此,水位埋深的深浅对于液化与 PGA 的相关性影响不大。

(4) 在烈度 Ⅶ 度、Ⅷ 度、Ⅸ 度下,PGA 与液化的相关性变化较大,Ⅶ 度下相关性最大,相关系数为 0.527,呈正相关,且在 0.01 水平上显著相关;Ⅷ 度下相关性最小,相关系数为 0.051,呈正相关,相关性不显著;在 Ⅸ 度下 PGA 与液化呈负相关,且显著相关,但与其他烈度下和总相关系数的正负性相反。从 Ⅸ 度下 PGA 与液化相关性的表现来看,并非 PGA 越大越容易液化,这一方面与汶川地震的调查结果相符,即 Ⅸ 度下 PGA 与液化相关性不大;但另一方面,PGA 与液化呈显著负相关这一点难以接受,这可能是 Ⅸ 度下数据分布不够均匀导致的一种现象。

(5) 共收集国内外水位埋深数据 1 294 例,利用相关性理论分析得到水位埋深与液化总相关系数为 - 0.159,呈负相关,即水位埋深越大越不容易液化,且在 0.01 水平上呈显著相关。

(6) 不同饱和砂层埋深范围内,水位埋深与液化相关性同总相关系数的趋势相同,均呈负相关;在 0 ~ 10 m 和 10 m 以下范围内水位埋深与液化相关性与总相关性趋势一致,均呈负相关状态,10 m 以下的相关性比 0 ~ 10 m 大;在 5 ~ 10 m 内相关性最小,相关系数为 0.011,而在 15 ~ 20 m 内相关性最大,相关系数为 - 0.354,在 10 ~ 15 m 和 15 ~ 20 m 内相关系数大小基本相同,但在 10 ~ 15 m 内为显著相关,在 15 ~ 20 m 内相关性不显著。

(7) 不同水位埋深范围内,水位埋深范围 0～1 m、1～2 m、0～3 m 内水位埋深与液化与总相关性保持一致,均为显著相关;2～3 m 和 3 m 以下范围内水位埋深与液化相关性均不显著,在 2～3 m 内相关性最小,可视为不相关。在 3 m 以下范围内水位埋深与液化相关性呈相关度极小的正相关状态,与总相关性和其他情况不同,这主要是现有调查数据中液化主要发生在水位埋深 3 m 以上,而在 3 m 以下范围内液化情况较少所致,也表明水位埋深大的情况下液化发生的实例有待补充。

(8) 在烈度 Ⅶ 度、Ⅷ 度、Ⅸ 度下,水位埋深与液化相关性与总相关性保持一致,呈负相关状态;Ⅶ 度下其相关性并不显著,且相关性最小,基本可视为不相关;Ⅷ 度、Ⅸ 度下为显著相关,且 Ⅸ 度下水位埋深与液化的相关性最大。

(9) 共收集国内外饱和砂层埋深数据 1 339 例,利用相关性理论,得到饱和砂层埋深与液化总相关系数为 -0.367,呈负相关,即饱和砂层埋深越大越不容易液化,且在 0.01 水平上呈显著相关。

(10) 在不同饱和砂层埋深范围内,饱和砂层埋深与液化相关性同总相关系数的趋势相同,均呈负相关;在 0～10 m 和 10 m 以下范围内饱和砂层埋深与液化相关性与总相关性趋势一致,均呈负相关状态,10 m 以下的相关性比 0～10 m 略大;在 0～5 m 内相关性最小,相关系数为 -0.038;在 5～10 m 内相关性最大,相关系数为 -0.355;在 0～5 m 和 15～20 m 内相关性不显著;在 5～10 m 和 10～15 m 内呈显著相关。

(11) 在不同水位埋深下,饱和砂层埋深与液化均呈负相关;在 0～3 m 和 3 m 以下范围内饱和砂层埋深与液化相关性呈负相关状态,与总相关系数保持一致,但在 3 m 以下范围内其相关性明显大于 0～3 m 内;在 0～1 m 内相关性不显著;在 2～3 m 内为在 0.05 水平上显著相关;在 1～2 m 内为在 0.01 水平上显著相关,相关性最大;在 0～1 m 内相关性最小,基本可视为无线性相关性。

(12) 在烈度 Ⅶ 度、Ⅷ 度、Ⅸ 度下,饱和砂层埋深与液化相关性与总相关性保持一致,呈负相关状态,且均为在 0.01 水平上显著相关,但不同烈度下有一定差异,Ⅶ 度下相关性最大,Ⅷ 度下相关性最小。

(13) 共收集国内标贯击数数据 831 例,利用相关性理论,得到标贯击数与液化总相关系数为 -0.482,呈负相关,即标贯击数越大越不容易发生液化,且在 0.01 水平上显著相关。

(14) 在不同饱和砂层埋深范围内,标贯击数与液化的相关性与总相关性保持一致,均呈负相关状态;除在 15～20 m 内相关性不显著外,在其他范围内均呈显著相关;在 0～10 m 和 10 m 以下范围内标贯击数与液化相关性与总相关性趋势一致,均呈负相关状态,且均显著相关;在 5～10 m 内相关性最大,相关系数为 -0.53;在 10 m 以下的相关性比 0～10 m 略小;在 15～20 m 内相关性最小,相关系数为 -0.207。

(15) 在不同水位埋深范围内,标贯击数与液化的相关性与总相关系数一致,均呈负相关,且均为 0.01 水平上的显著相关;在 0～3 m 和 3 m 以下范围内标贯击数与液化呈负相关状态,与总相关系数保持一致,但在 0～3 m 范围内标贯击数与液化的相关性明显强于 3 m 以下;在 1～2 m 内相关性最大,而在 2～3 m 内相关性最小。

（16）在烈度 Ⅶ 度、Ⅷ 度、Ⅸ 度下，标贯击数与液化相关性与总相关性保持一致，呈负相关状态，且均为在 0.01 水平上显著相关；各烈度下相关系数大小略有变化，Ⅸ 度下相关性最大，而 Ⅷ 度下相关性最小。

（17）共收集国内外剪切波速数据 299 例，利用相关性理论分析，得到了剪切波速与液化的总相关系数为 -0.128，呈负相关状态，即场地剪切波速越大越不容易发生液化。但与标贯击数的非常显著相关性不同，剪切波速与液化间非显著相关的关系，这一点与现有的认识不同，原因可能是剪切波速数据少且分布不均匀，同时也可能与剪切波速测试结果精度较差、离散性较大有关。

（18）不同饱和砂层埋深范围内，剪切波速与液化相关性同总相关系数定性相同，均呈负相关状态；在 0～10 m 和 10 m 以下范围内剪切波速与液化相关性与总相关性趋势一致，均呈负相关状态，且在 0～10 m 内剪切波速与液化相关性略大于 10 m 以下；在 0～5 m 和 0～10 m 内为显著相关，在其他范围内相关性均不显著；在 0～5 m 内相关性最大，在 5～10 m 内相关性最小。

（19）在水位埋深范围 1～2 m 和 3 m 以下内，剪切波速与液化相关性同总相关系数趋势一致，呈负相关状态；在 1～2 m、2～3 m 和 0～3 m 内相关性均不显著，在 0～1 m 和 3 m 以下范围内在 0.05 水平上显著相关；在 0～1 m、2～3 m 以及浅水位埋深 0～3 m 内剪切波速与液化呈正相关状态，与总相关系数相反，即在这两个范围内剪切波速越大越容易液化，这与一般认识不符。

（20）在烈度 Ⅶ 度下，剪切波速与液化的相关性同总相关系数趋势一致，呈负相关状态，在 0.05 水平上呈显著相关；Ⅷ 度下，剪切波速与液化相关性最小，且与总相关系数趋势相反，呈正相关状态，相关性不显著；Ⅸ 度下，剪切波速与液化的相关性同总相关系数趋势一致，呈负相关状态，在 0.01 水平上呈显著相关。

（21）几个特征参数对比而言，标贯击数与液化的相关性最大，其次为饱和砂层埋深、PGA 和水位埋深，最小为剪切波速，且标贯击数与液化的相关系数大小约为水位埋深的 3 倍，约为饱和砂层埋深和 PGA 的 1.5 倍。

（22）水位埋深、饱和砂层埋深、标贯击数和剪切波速与液化呈负相关，PGA 与液化呈正相关；水位埋深、饱和砂层埋深、PGA、标贯击数与液化均为在 0.01 水平上显著相关，而剪切波速与液化相关性不显著。

（23）不同饱和砂层埋深范围内，PGA 与液化呈正相关，饱和砂层埋深、水位埋深、标贯击数和剪切波速与液化呈负相关，但各特征参数与液化相关程度不同，差异较大；在各个饱和砂层埋深范围内基本上标贯击数与液化的相关性最大，水位埋深最小，其相差倍数最大在饱和砂层埋深 5～10 m 中，约为 48 倍。

（24）不同水位埋深下，水位埋深、饱和砂层埋深和标贯击数基本与液化呈负相关，PGA 与液化呈正相关，剪切波速与液化相关正负性变化较大；总体上看，标贯击数与液化的相关性最大，其次为 PGA 和饱和砂层埋深，水位埋深和剪切波速相关程度则变化较大。

（25）在 Ⅶ 度、Ⅷ 度、Ⅸ 度下，水位埋深、饱和砂层埋深、标贯击数和剪切波速与液化呈负相关，PGA 与液化呈正相关，其中标贯击数与液化相关性最大，且在三个烈度下标贯击数与液化在 0.01 水平上显著相关，其他特征参数相关程度则变化都较大。

第6章 我国规范液化判别方法可靠性研究

6.1 引 言

合理评定地基土液化可能性是工程抗震设计中的一个重大课题。我国规范中判别液化的方法是根据邢台地震(1966年)、通海地震(1970年)、海城地震(1975年)、唐山地震(1976年)等几次国内地震的资料和室内液化试验的研究成果而制定的。应用标贯试验判别液化是其中相对成熟的技术,但其可靠性近30年来一直没有得到很好的检验,形成规范所使用的数据与液化的相关性研究也没有成果发表。

本章收集国内以往8次地震中液化勘察数据,研究液化的发生与地震强度、地下水位埋深、饱和砂层埋深和砂层力学性能指标间定性和定量的关联性,将分析结果与近期国内外大地震情况进行对比,并通过相关性理论对我国规范中SPT、CPT、V_s液化判别公式进行检验,为我国液化理论和判别技术的发展提供指导。

6.2 国内液化数据相关性评价

如表6.1所示,本书共收集国内8次地震液化数据,其中6次地震是制定我国《工业与民用建筑抗震设计规范》74版(简称74规范),所用的资料。1984年谢君斐根据海城地震、唐山地震资料,建立了以标贯击数为指标的砂土抗液化强度公式,并对《工业与民用建筑抗震设计规范》中的液化判别式中的砂层埋深和地下水位影响系数进行了修订。另外,国内地震中各个场地的地震强度数据记录中没有PGA的记录,场地地震强度是用烈度描述的。

表6.1 国内8次地震液化资料

编号	地震	震级	标贯击数 数据 / 例	饱和砂层埋深 数据 / 例	水位埋深 数据 / 例
1	河源	6.1	1	1	1
2	河间	6.3	2	2	2
3	邢台	6.8	6	7	7
4	邢台	7.2	7	7	7
5	渤海	7.4	7	7	7
6	通海	7.7	32	34	33
7	海城	7.3	12	12	12
8	唐山	7.8	92	92	92

国内地震液化数据整理如表6.2所示。可以看出,国内地震液化数据中,就饱和砂层

埋深、水位埋深、标贯击数及 PGA 而言,液化场地平均值与非液化场地平均值均相差较大;从数据量上看,饱和砂层埋深、水位埋深、标贯击数和 PGA 等参数中液化数据约占 60%,非液化数据约占 40%,数据量上比较匹配。

表 6.2　国内地震液化数据整理

项目	饱和砂层埋深平均值 /m		水位埋深平均值 /m		标贯击数平均值 (每 30 cm)/击		PGA 平均值 /gal	
	液化	非液化	液化	非液化	液化	非液化	液化	非液化
国内地震数据	3.9	6.4	1.3	2.1	8.6	20.4	0.31	0.29
数据量/例	98	64	98	63	98	61	98	64

对国内以往规范中所用的数据,利用相关性理论分析标贯击数、饱和砂层埋深、水位埋深、PGA 与液化的相关性,结果如表 6.3 所示。国内地震中,饱和砂层埋深与液化的相关系数为 -0.345,呈负相关,且与液化在 0.01 水平上显著相关;水位埋深与液化的相关系数为 -0.299,呈负相关,且在 0.01 水平上显著相关;标贯击数与液化的相关系数为 -0.514,呈负相关,且在 0.01 水平上显著相关;PGA 与液化的相关系数为 0.104,呈正相关,但 PGA 与液化的相关性不显著。

表 6.3　国内地震中影响液化的特征参数与液化的相关系数

特征参数	饱和砂层埋深	水位埋深	标贯击数	PGA
国内地震数据	-0.345^{**}	-0.299^{**}	-0.514^{**}	0.104

注:** 表示在 0.01 水平(双侧)上显著相关。

图 6.1 为国内地震中影响液化的特征参数与液化的相关系数柱状图。如图 6.1 所示,饱和砂层埋深、水位埋深和标贯击数与液化呈负相关,PGA 与液化呈正相关,从相关性大小看,标贯击数与液化的相关性最大,其次为饱和砂层埋深和水位埋深,最小为 PGA,其中标贯击数的相关系数大小约是饱和砂层埋深的 1.5 倍,约是水位埋深的 1.7 倍,约是 PGA 的 5 倍。

表 6.4 为国内和其他地区地震中影响液化的特征参数与液化的相关系数对比。如表 6.4 所示,国内地震中,饱和砂层埋深、水位埋深和标贯击数与液化在 0.01 水平上显著相关,这与其他地区地震中所得到的总相关性定性上一致,但其他地区地震中 PGA 与液化相关性不显著,且相关系数较小,这可能与我国记录的 PGA 是从烈度转换而来有关,国内地震中 PGA 并不是场地的真实 PGA,是由地震烈度转换而来,这使得同烈度场地上的 PGA 相同,因而场地的 PGA 基本无差异,因此计算出的 PGA 与液化的相关系数较小,且为不显著相关。同时国内地震水位埋深与液化的相关性较大,这与其他地区地震有所差异,原因与国内地震液化与非液化场地水位埋深的选取有关。

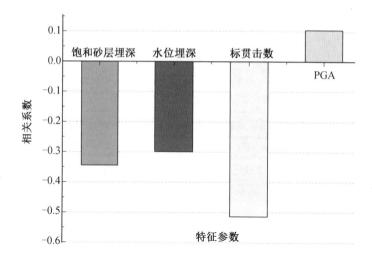

图 6.1　国内地震中影响液化的特征参数与液化的相关系数柱状图

表 6.4　国内和其他地区地震中影响液化的特征参数与液化的相关系数对比

特征参数	饱和砂层埋深	水位埋深	标贯击数	PGA
国内地震	− 0.345**	− 0.299**	− 0.514**	0.104
其他地区地震	− 0.367**	− 0.159**	− 0.482**	0.346**

注:** 表示在 0.01 水平(双侧)上显著相关。

　　图 6.2 为国内和其他地区地震中影响液化的特征参数与液化相关系数对比。如图 6.2 所示,国内地震相关系数正负性与其他地区地震相同,即饱和砂层埋深、水位埋深和标贯击数与液化呈负相关,而 PGA 与液化呈正相关。就相关系数大小来看,饱和砂层埋深和标贯击数与液化的相关系数值基本相当,而水位埋深相关系数值稍有偏差,PGA 相关系数值相差较大。总体上看,国内地震中影响液化的特征参数与液化的相关性与其他

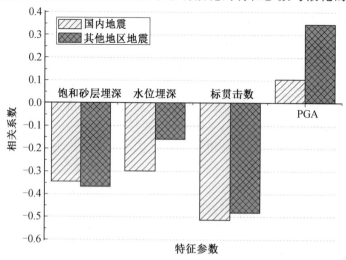

图 6.2　国内和其他地区地震中影响液化的特征参数与液化相关系数对比

地区地震情况基本一致。

6.3　不同地区影响液化特征参数相关性分析结果对比

表 6.5 为各地区地震液化数据资料情况。表 6.5 中,国内地震是指为制定我国规范时所用的国内地震液化数据,集集地震由于单个数据量较大,因此将其单独列出以对比,欧美地震是指包括欧美地区自 1906 年至 1989 年收集到的液化数据,日本地震是指包括自 1802 年到 1995 年阪神地震收集到日本地区液化数据。就数据量来看,各个参数液化场地与非液化场地数据量较为匹配。各地区中集集地震数据量最大,共计 1 832 例,其次为欧美地震 1 125 例,日本地震 959 例,数据量最小为国内地震 644 例。就各特征参数平均值看,国内地震数据液化场地饱和砂层埋深较浅,且与非液化场地饱和砂层埋深相差较大;集集地震液化场地饱和砂层埋深相对较深,与非液化场地相差不大;欧美地震和日本地震液化场地与非液化场地饱和砂层埋深均较为相似,且液化场地与非液化场地饱和砂层埋深相差均不大。各地区其他特征参数包括水位埋深、标贯击数和 PGA 的平均值均较为相似,且液化场地与非液化场地的平均值差异也基本一致,但欧美地震中,非液化场地的标贯击数平均值较其他三个地区小很多。

表 6.5　各地区地震液化数据整理

特征参数		国内地震		集集地震		欧美地震		日本地震	
		数据/例	平均值	数据/例	平均值	数据/例	平均值	数据/例	平均值
饱和砂层埋深/m	液化	98	3.9	301	7.9	155	5.0	162	5.2
	非液化	64	6.4	209	8.7	176	5.5	89	5.6
水位埋深/m	液化	98	1.3	301	2.0	155	2.4	162	1.9
	非液化	63	2.1	209	3.0	176	2.2	89	2.5
标贯击数/击	液化	98	8.6	178	8.8	76	7.8	132	7.8
	非液化	61	20.4	124	19.5	56	10.2	74	21.9
PGA/gal	液化	98	0.31	301	0.36	155	0.32	162	0.31
	非液化	64	0.29	209	0.17	176	0.18	89	0.36
合计		644		1 832		1 125		959	

利用相关性理论分析不同地区影响液化特征参数与液化的相关性,结果如表 6.6 所示。国内外地震是指将收集到的所有国内外地震液化数据进行综合相关性分析得到的总相关系数,在下列分析中直接用总系数来代替国内外地震的说法。如表 6.6 所示,集集地震中,饱和砂层埋深与液化的相关系数为 −0.399,呈负相关状态,且在 0.01 水平上显著相关;水位埋深与液化的相关系数为 −0.138,呈负相关,且在 0.01 水平上显著相关;标贯击数与液化的相关系数为 −0.583,呈负相关,且在 0.01 水平上显著相关;PGA 与液化的相关系数为 0.364,呈正相关,且在 0.01 水平上呈显著相关。欧美地震中,饱和砂层埋深与液化的相关系数为 −0.207,呈负相关状态,且在 0.01 水平上显著相关;水位埋深与液化的相关系数为 −0.057,呈负相关,相关性不显著;标贯击数与液化的相关系数为

－0.183,呈负相关,且在 0.01 水平上显著相关;PGA 与液化的相关系数为 0.392,呈正相关,且在 0.01 水平上呈显著相关。 日本地震中,饱和砂层埋深与液化的相关系数为－0.257,呈负相关状态,且在 0.01 水平上显著相关;水位埋深与液化的相关系数为－0.235,呈负相关,且在 0.01 水平上显著相关;标贯击数与液化的相关系数为－0.537,呈负相关,且在 0.01 水平上显著相关;PGA 与液化的相关系数为 0.212,呈正相关,且在 0.01 水平上呈显著相关。综合来看,除国内地震中 PGA 和欧美地震中水位埋深与液化的相关性不显著外,其他地区各特征参数与液化的相关性均与总系数基本一致,在0.01 水平上显著相关。

表 6.6　各地区影响液化特征参数与液化的相关系数

地震	饱和砂层埋深	水位埋深	标贯击数	PGA
国内地震	－0.345**	－0.299**	－0.514**	0.104
集集地震	－0.399**	－0.138**	－0.583**	0.364**
欧美地震	－0.207**	－0.057	－0.183**	0.392**
日本地震	－0.257**	－0.235**	－0.537**	0.212**
国内外地震	－0.367**	－0.159**	－0.482**	0.346**

注:**　表示在 0.01 水平(双侧)上显著相关。

图 6.3 为集集地震中影响液化的特征参数与液化相关系数柱状图。如图 6.3 所示,饱和砂层埋深、水位埋深和标贯击数与液化的相关系数均位于负坐标轴侧,即与液化呈负相关,PGA 与液化的相关系数位于正坐标轴侧,即与液化呈正相关。从相关性大小看,标贯击数与液化的相关性最大,其次为饱和砂层埋深和 PGA,最小为水位埋深,且标贯击数相关系数大小约是饱和砂层埋深的1.5 倍,约是水位埋深的 4 倍,约是 PGA 的 1.6 倍。

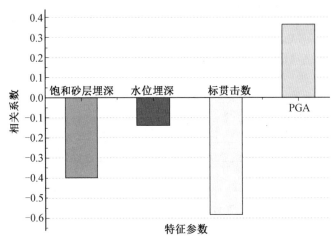

图 6.3　集集地震中影响液化特征参数与液化相关系数柱状图

图 6.4 为欧美地震中影响液化的特征参数与液化相关系数柱状图。如图 6.4 所示,饱和砂层埋深、水位埋深和标贯击数与液化的相关系数均位于负坐标轴侧,即与液化呈负相关,PGA 与液化的相关系数位于正坐标轴侧,即与液化呈正相关。从相关性大小看,PGA 与液化的相关性最大,其次为饱和砂层埋深和标贯击数,最小为水位埋深,且标贯击

数的相关系数大小约是饱和砂层埋深的 0.9 倍,约是水位埋深的 3.5 倍,约是 PGA 的 0.5 倍。

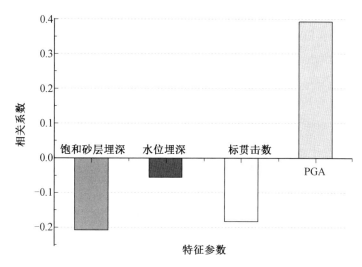

图 6.4 欧美地震中影响液化的特征参数与液化相关系数柱状图

图 6.5 为日本地震中影响液化的特征参数与液化相关系数柱状图。如图 6.5 所示, 饱和砂层埋深、水位埋深和标贯击数与液化的相关系数均位于负坐标轴侧,即与液化呈负 相关,PGA 与液化的相关系数位于正坐标轴侧,即与液化呈正相关。从相关性大小看,标 贯击数与液化的相关性最大,其次为饱和砂层埋深和水位埋深,最小为 PGA,且标贯击数 的相关系数大小约是饱和砂层埋深的 2.0 倍,约是水位埋深的 2.3 倍,约是 PGA 的 2.5 倍。

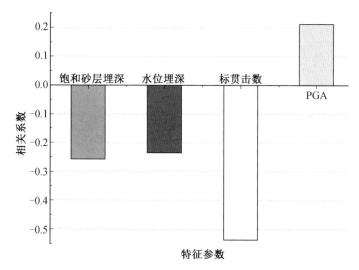

图 6.5 日本地震中影响液化的特征参数与液化相关系数柱状图

图 6.6 为各地区地震特征参数与液化相关系数的柱状图对比。如图 6.6 所示,仅有欧美地震特征参数与液化相关性大小的趋势表现不同,PGA 与液化的相关性最大,而标贯击数与液化的相关性较小,总体来看除 PGA 外,其他特征参数与液化的相关性均较小。另外国内地震中 PGA 与液化的相关系数略小,这与我国 PGA 数据来源有关。从总体来看,各地区地震各特征参数与液化的相关系数正负性一致,即饱和砂层埋深、水位埋深和标贯击数与液化呈负相关,PGA 与液化呈正相关。从相关系数值来看,各地区特征参数相关系数基本为标贯击数最大,水位埋深小于饱和砂层埋深,与总体情况相同。

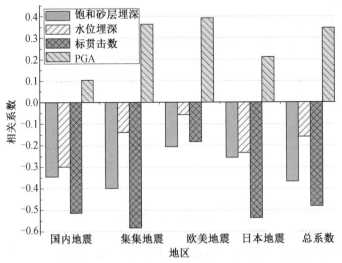

图 6.6 各地区地震特征参数与液化相关系数的柱状图对比

6.4 我国规范液化判别公式可靠性评价

6.4.1 SPT 液化判别公式可靠性评价

我国根据国内 6 次地震液化数据制定了 74 规范,但由于对于地震液化资料的收集不全面和不够深入,74 规范中的拟合系数存在着一定的问题。1984 年,谢君斐根据海城地震、唐山地震资料,建立了以标贯击数为指标的砂土抗液化强度公式,并对《工业与民用建筑抗震设计规范》中的液化判别公式中的砂层埋深和地下水位影响系数进行了修订,形成了《工业与民用建筑抗震设计规范》89 版(89 规范)。在 GB 50021－2001《岩土工程勘察规范》和 GB 50011－2001《建筑抗震设计规范》中,对液化判别公式形式上没有改变,只是增加了 $15 \sim 20$ m 饱和砂层埋深范围的液化判别,如式(6.1)、式(6.2)所示:

$$N_{cr} = N_0 \left[0.9 + 0.1(d_s - d_w)\right] \sqrt{\frac{3}{\rho_c}} \quad (d_s \leqslant 15 \text{ m}) \tag{6.1}$$

$$N_{cr} = N_0 (2.4 - 0.1 d_s) \sqrt{\frac{3}{\rho_c}} \quad (15 < d_s \leqslant 20 \text{ m}) \tag{6.2}$$

最新颁布的《建筑抗震设计规范》(GB 50011—2010)中对深度 20 m 范围内的液化判别标贯击数临界值给予了修正:

$$N_{cr} = N_0 \beta \left[\ln(0.6d_s + 1.5) - 0.1d_w\right] \sqrt{3/\rho_c} \tag{6.3}$$

式中，N_{cr} 为液化判别标贯击数临界值；N_0 为液化判别标贯击数基准值，取值如表 6.7 所示；d_s 为饱和土标贯点深度，m；d_w 为地下水位，m；ρ_c 为黏粒含量百分率，当小于 3 或为砂土时应为 3；β 为指调整系数，设计地震第一组取 0.8，第二组取 0.95，第三组取 1.05。

当实测值大于标贯锤击数临界值时判为非液化，反之判为液化。

表 6.7　液化判别标贯锤击数基准值 N_0

设计基本加速度 /g	0.1	0.15	0.2	0.3	0.4
液化判别标贯锤击数基准值 N_0	7	10	12	16	19

本书应用制定规范时所用国内地震液化数据进行回判演算，得到 SPT 液化判别公式中特征参数与液化相关性，如表 6.8 所示。表 6.8 中实际相关系数是指利用国内液化实测数据计算出的饱和砂层埋深、水位埋深、标贯击数和 PGA 与液化的相关系数；公式相关系数是指利用同样的原始数据，通过公式回判得到一组新的数据组合，利用这一组新的数据重新计算得到的各个特征参数与液化的相关系数。通过对比实际相关系数与公式相关系数可以发现，饱和砂层埋深、水位埋深、标贯击数和 PGA 的相关系数均有所变化，但变化量均不大。总的来看，利用公式得到的结果与实际相关系数非常相似，且标贯击数、饱和砂层埋深、水位埋深相关性的定性较为一致，即饱和砂层埋深、水位埋深和标贯击数与液化呈负相关，而 PGA 与液化呈正相关，且饱和砂层埋深、水位埋深和标贯击数与液化仍在 0.01 水平上显著相关。

表 6.8　SPT 液化判别公式中特征参数与液化相关性检验

项目	饱和砂层埋深	水位埋深	标贯击数	PGA
实际相关系数	− 0.345**	− 0.299**	− 0.514**	0.104
公式相关系数	− 0.127**	− 0.246**	− 0.562**	0.013

注：** 表示在 0.01 水平（双侧）上显著相关。

图 6.7 所示为实际相关系数与公式相关系数对比柱状图。如图 6.7 所示，公式相关系数正负性与实际相关系数保持一致，即饱和砂层埋深、水位埋深和标贯击数与液化呈负相关，PGA 与液化呈正相关，但相关系数值存在差异。其中，饱和砂层埋深与液化的相关系数相对变化较大，减小了约 60%，水位埋深和 PGA 与液化的相关系数均略有减小，标贯击数与液化的相关系数略有增大。

综合分析，利用 SPT 液化判别公式计算出的各特征参数与液化的相关系数与实际相关系数定性上一致，定量上有差异，相关的显著性也一致，说明 SPT 液化判别公式与实际情况相符。

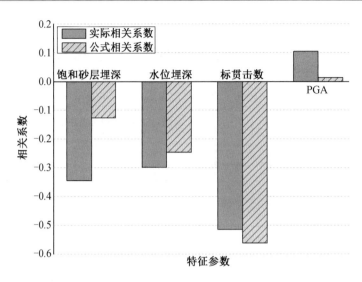

图 6.7　实际相关系数与 SPT 液化判别公式相关系数对比柱状图

6.4.2　CPT 液化判别公式可靠性评价

我国国家标准 GB 50021－1994《岩土工程勘察规范》中所采用的静力触探试验判别方法是根据唐山地震中不同烈度区内的现场勘察资料，用判别函数法统计分析得出的，该液化判别方法适用于饱和砂土和粉土。唐山地震静力触探测试中有 36 个场地的原始勘察数据，其中液化场地勘察数据 24 个，非液化场地勘察数据 12 个，分布在 Ⅶ、Ⅷ、Ⅸ、Ⅹ 四个烈度区内。GB 50021—2001《岩土工程勘察规范》在此基础上给出了 CPT 液化判别公式：

$$p_{scr} = p_{so}\alpha_w\alpha_u\alpha_p \tag{6.4}$$

$$q_{ccr} = q_{co}\alpha_w\alpha_u\alpha_p \tag{6.5}$$

$$\alpha_w = 1 - 0.065(d_w - 2) \tag{6.6}$$

$$\alpha_u = 1 - 0.05(d_u - 2) \tag{6.7}$$

式中，p_{scr}、q_{ccr} 分别是饱和土静力触探比贯入阻力临界值和锥尖阻力临界值，MPa；p_{so}、q_{co} 分别是地下水位 2 m，上覆非液化土层厚度 2 m 时，饱和土液化判别比贯入阻力基准值和锥尖阻力基准值，具体数值如表 6.9 所示；α_w 为水位埋深修正系数，地下常年含水且与地下水有水利联系时取 1.3；α_u 为非液化土层修正系数，深基础取 1.0；α_p 为土性修正系数，具体数值如表 6.10 所示；d_w 为地下水位深度；d_s 为饱和砂土层埋深。

当实测比贯入阻力 p_s 小于 p_{scr}、实测锥尖阻力 q_c 小于 q_{ccr} 时判断为液化，反之判断为非液化。

表 6.9　p_{so} 与 q_{co} 数值

抗震设防烈度	Ⅶ 度	Ⅷ 度	Ⅸ 度
p_{so}/MPa	$5.0 \sim 6.0$	$11.5 \sim 13.0$	$18.0 \sim 20.0$
q_{co}/MPa	$4.6 \sim 5.5$	$10.5 \sim 11.8$	$16.4 \sim 18.2$

表 6.10　土性修正系数

土类	砂土	粉土	
静力触探摩阻比 R_f	$R_f \leqslant 0.4$	$0.4 < R_f \leqslant 0.9$	$R_f > 0.9$
α_p	1.00	0.60	0.45

　　由于规范中所用唐山地震数据量较小,为保证计算相关系数时数据量,本书在计算 CPT 液化判别公式中各特征参数与液化的相关系数时采用以往国内外收集到的 CPT 数据,由于规范中仅适用与烈度 Ⅶ 度、Ⅷ 度、Ⅸ 度,因此选取此三个烈度区内的数据(表 6.11)。由表 6.11 可以看出,就平均值看,水位埋深和 PGA 液化场地与非液化场地相差较大,而饱和砂层埋深相差较小。收集到饱和砂层埋深、水位埋深、锥尖阻力和 PGA 数据 396 例,其中各个特征参数均收集到液化场地数据 40 例,非液化场地数据 59 例,数据量上较为匹配。

表 6.11　国内外 CPT 数据整理

项目	饱和砂层埋深 /m		水位埋深 /m		锥尖阻力 Q_c/MPa		PGA/gal	
	液化	非液化	液化	非液化	液化	非液化	液化	非液化
国内外平均值	5.1	5.9	1.8	3.0	4.6	7.5	0.39	0.14
数据量／例	40	59	40	59	40	59	40	59

　　由表 6.11 中数据,利用相关性理论得到 CPT 液化判别公式中特征参数与液化相关性检验,如表 6.12 所示。表 6.12 中实际相关系数是指利用表 6.11 中以往国内外地震中收集到的 CPT 数据得到的影响液化特征参数与液化的相关系数;公式相关系数是指将原始数据中的饱和砂层埋深、水位埋深、Q_c 以及 PGA 数据应用到公式中回判液化得到一组新的数据,利用这一组新的数据计算得到的影响液化特征参数与液化的相关系数。由真实数据得到的相关系数中饱和砂层埋深、水位埋深、锥尖阻力和 PGA 与液化均在 0.01 水平上显著相关,且水位埋深与液化的相关性最大,其次为 PGA 和锥尖阻力,饱和砂层埋深与液化相关性最小。利用公式回判得到的公式相关系数中各特征参数与液化仍保持在 0.01 水平上显著相关。

表 6.12　CPT 液化判别公式中特征参数与液化相关性检验

地震	饱和砂层埋深	水位埋深	锥尖阻力	PGA
实际相关系数	-0.302^{**}	-0.671^{**}	-0.531^{**}	0.640^{**}
公式相关系数	0.277^{**}	-0.580^{**}	-0.741^{**}	0.611^{**}

注:**　表示在 0.01 水平(双侧)上显著相关。

　　如图 6.8 所示,CTP 液化判别公式中水位埋深、锥尖阻力和 PGA 与液化的相关系数正负性与实际情况保持一致,但相关系数大小略有变化,与实际相关系数相比,水位埋深相关系数略变小,锥尖阻力 Q_c 与液化相关系数略变大,PGA 与液化相关系数略变小。

　　需要特别指出的是,CTP 液化判别公式中饱和砂层埋深与液化的相关性与实际数据结果定性相反,实际相关系数为埋深与液化呈负相关,而公式相关系数却呈正相关,这说明公式中埋深一项所表达意义出现定性错误。

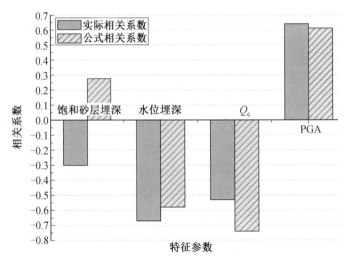

图 6.8　实际相关系数与 CPT 液化判别公式相关系数对比柱状图

综合以上结果,公式相关系数中水位埋深、锥尖阻力 Q_c 和 PGA 与液化的相关系数相对实际情况略有变化,与实际相关系数趋势基本保持一致;但饱和砂层埋深与液化的相关性定性上与实际相关系数趋势相反,说明 CPT 液化判别公式中 d_s 前面的符号出现定性错误。

6.4.3　V_s 液化判别公式可靠性评价

1984 年,石兆吉、王承春根据唐山地震粉土液化的数据,给出了一个针对粉土液化的判别公式,并被纳入了 TBJ1—88《天津市建筑地基基础设计规范》,该判别公式为

$$V_{s,cri} = V_{s,0}(d_s - 0.013\ 3d_s^2)^{0.5} \tag{6.8}$$

式中,$V_{s,cri}$ 为剪切波速临界值;$V_{s,0}$ 为剪切波速基准值,选取如表 6.13 所示。

表 6.13　剪切波速基准值 $V_{s,0}$

地震烈度	Ⅶ 度	Ⅷ 度	Ⅸ 度
粉土	45	65	90
砂土	65	90	130

1986 年,石兆吉又将这一公式推广到砂土液化判别当中,公式的形式相同,只是剪切波速的基准值不同。

1993 年,石兆吉依据自己以前给出的液化判别公式,针对其中没有考虑地下水位埋深影响这一明显的漏洞,完善了式(6.8),得到了优化公式:

$$V_{s,cri} = V_{s,0}(d_s - 0.013\ 3d_s^2)^{0.5}\left[1 - 0.185(d_w/d_s)\right]\sqrt{\frac{3}{\rho_c}} \tag{6.9}$$

式中,ρ_c 为黏粒含量,%,当 $\rho_c < 3$ 时取 $\rho_c = 3$。

如果砂土剪切波速临界值 $V_{s,cri}$ 大于砂土实测剪切波速值 V_s,判断为液化;反之,判断为非液化。

国内地震砂土液化剪切波速数据中仅有海城地震中的 6 例,数据量过少。本书采用

国内外地震砂土液化剪切波速数据,研究剪切波速规范判别法中影响液化的特征参数与液化相关性。鉴于规范仅考虑 Ⅶ 度、Ⅷ 度、Ⅸ 度区,因此将国内外数据进行整理,提取 Ⅶ 度、Ⅷ 度、Ⅸ 度区的数据。表 6.14 列出了国内外地震中砂土液化 V_s 数据。从饱和砂层埋深、水位埋深、剪切波速和 PGA 的平均值来看,液化场地与非液化场地相差不大;就数据量来看,共收集到数据 1 056 例,其中包含饱和砂层埋深、水位埋深、剪切波速和 PGA 数据各 264 例,各特征参数数据中液化场地与非液化场地数据较为匹配。

表 6.14　国内外地震中沙土液化 V_s 数据整理

项目	饱和砂层埋深 /m		水位埋深 /m		V_s /(m·s⁻¹)		PGA /gal	
	液化	非液化	液化	非液化	液化	非液化	液化	非液化
平均值	5.9	6.7	2.2	2.6	151	152	0.30	0.23
数据量 / 例	150	114	150	114	150	114	150	114

采用表 6.14 中数据,利用相关性理论得到剪切波速液化判别公式中特征参数与液化的相关系数,如表 6.15 所示。表 6.15 中实际相关系数是指利用表 6.14 中以往国内外地震中收集到的剪切波速数据得到的液化的相关系数;公式相关系数是指将原始数据中的饱和砂层埋深、水位埋深、剪切波速以及 PGA 数据带回到公式中回判液化得到一组新的数据,利用这一组新的数据计算得到的影响液化的特征参数与液化的相关系数。

如表 6.15 所示,由真实数据得到的实际相关系数中饱和砂层埋深、剪切波速和 PGA 与液化均在 0.01 水平上显著相关,水位埋深与液化相关性不显著,且 PGA 与液化的相关性最大,其次为饱和砂层埋深和剪切波速,水位埋深与液化相关性最小。利用公式回判得到的公式相关系数中水位埋深、剪切波速和 PGA 与液化在 0.01 水平上显著相关,而饱和砂层埋深与液化相关性不显著,且相关系数非常小。

表 6.15　V_s 液化判别公式中特征参数与液化相关性检验

项目	饱和砂层埋深	水位埋深	剪切波速	PGA
实际相关系数	− 0.287**	− 0.112	− 0.199**	0.438**
公式相关系数	− 0.006	− 0.191**	− 0.288**	0.339**

注:**　表示在 0.01 水平(双侧)上显著相关。

图 6.9 为实际相关系数与 V_s 液化判别公式相关系数对比柱状图。如图 6.9 所示,公式相关系数中饱和砂层埋深、水位埋深、剪切波速和 PGA 与液化的相关系数正负性与实际相关系数一致,但数值不同:水位埋深与液化相关系数比实际相关系数大;剪切波速与液化相关系数比实际相关系数大;PGA 与液化相关系数比实际相关系数小。公式相关系数中饱和砂层埋深、水位埋深、剪切波速和 PGA 与液化的相关正负性与实际相关系数一致。需要指出的是,公式相关系数中饱和砂层埋深与液化的相关系数由实际相关系数的 − 0.287 变为 − 0.006,且由在 0.01 水平上显著相关变为相关性不显著,则公式相关系数中饱和砂层埋深一项前面的系数值大小需改进。

综合上述结果,我国规范 V_s 液化判别公式中饱和砂层埋深、水位埋深、剪切波速和 PGA 与液化的相关性定性上与实际数据计算结果保持一致,即饱和砂层埋深、水位埋深、剪切波速与液化呈正相关,PGA 与液化呈负相关,但相关系数大小有所变化,其中饱和砂层埋深与液化的相关系数大小明显小于实际情况,说明 V_s 液化判别公式中埋深 d_s 一项前面的系数大小有待研究改进。

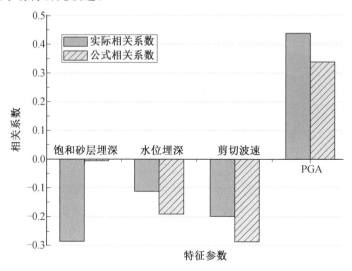

图 6.9 实际相关系数与 V_s 液化判别公式相关系数对比柱状图

6.5 本 章 小 结

本章收集了国内以往 8 次地震中液化场地勘察数据,利用相关性理论研究了影响液化的特征参数与液化的相关性,并将分析结果与近期国内外大地震情况进行对比,同时也给出了国内地震、集集地震、欧美地震和日本地震液化数据相关性分析结果的对比。利用国内以往液化实际数据的特征参数与液化相关性结果,研究了液化的发生与地震强度、地下水位埋深、饱和砂层埋深和标贯击数 N 间的关联关系,采用液化数据实际相关性与公式推演数据相关性对比方法,检验了我国规范中 SPT 液化判别公式的可靠性。整理了国内外 CPT 和 V_s 液化数据,研究了液化的发生与地震强度、地下水位埋深、饱和砂层埋深和锥尖阻力 Q_c、场地剪切波速 V_s 间的关联关系,采用液化数据实际相关性与公式推演数据相关性对比方法,对我国规范中 CPT、V_s 液化判别公式进行了检验,以此给出了对我国标准中三个液化判别方法的可靠性评价。

主要工作和结果如下。

(1) 本章共收集源于国内 8 次地震且形成规范的液化数据,包括饱和砂层埋深、水位埋深、标贯击数以及 PGA 共计 644 例。

(2) 利用相关性理论分析可知国内地震中,饱和砂层埋深、水位埋深和标贯击数与液化均呈负相关,且与液化在 0.01 水平上显著相关,相关系数依次为 -0.345、-0.299、-0.514;PGA 与液化的相关系数为 0.104,呈正相关状态,但 PGA 与液化的相关性不显著。其中标贯击数与液化的相关性最大,其次为饱和砂层埋深和水位埋深,最小为 PGA。

（3）与国内外其他地震液化数据相关性对比可知，国内地震中，PGA 与液化相关性不显著，且相对相关系数较小，与国内外其他地震液化数据结果不尽一致，这可能与我国记录的 PGA 是从烈度转换而来有关。除此之外，国内地震液化数据中各特征参数与液化的相关性与国内外其他地震液化数据趋势基本相同。

（4）集集地震中，饱和砂层埋深、水位埋深、标贯击数 N 以及 PGA 与液化均在 0.01 水平上显著相关，且相关系数依次为 -0.399、-0.138、-0.583 和 0.364。

（5）欧美地震中，饱和砂层埋深、标贯击数 N 以及 PGA 与液化均在 0.01 水平上显著相关，水位埋深与液化相关性不显著。饱和砂层埋深、水位埋深、标贯击数以及 PGA 与液化的相关系数依次为 -0.207、-0.057、-0.183 和 0.392。

（6）日本地震中，饱和砂层埋深、水位埋深、标贯击数 N 以及 PGA 与液化均在 0.01 水平上显著相关，且相关系数依次为 -0.257、-0.235、-0.537 和 0.212。

（7）将国内地震、集集地震、欧美地震和日本地震的液化数据相关性与总体结果对比可知，总体上各地区内各特征参数与液化的相关系数正负性和大小顺序与总系数基本相同，均为饱和砂层埋深、水位埋深和标贯击数与液化呈负相关，PGA 与液化呈正相关，标贯击数相关系数最大，水位埋深小于饱和砂层埋深。其中，欧美地震和其他地区地震略有不同，除 PGA 外其他特征参数与液化相关性均较小。

（8）采用液化数据实际相关性与公式推演数据相关性对比方法，对我国规范 SPT 液化判别方法进行检验，结果表明，我国规范 SPT 液化判别公式较为可靠，公式相关系数正负性与实际相关系数保持一致，即饱和砂层埋深、水位埋深和标贯击数与液化呈负相关，PGA 与液化呈正相关，且相关的显著性也一致，说明我国规范 SPT 液化判别方法构造得较为成功。

（9）采用液化数据实际相关性与公式推演数据相关性对比方法，对我国规范 CPT 液化判别方法进行检验，结果表明，公式中水位埋深、锥尖阻力和 PGA 与液化的相关系数与实际相关系数基本保持一致，但饱和砂层埋深与液化相关性与实际相关系数定性相反，说明我国规范 CPT 液化判别公式中饱和砂层埋深（d_s）前面的符号出现定性错误。

（10）采用液化数据实际相关性与公式推演数据相关性对比方法，对我国规范 V_s 液化判别方法进行检验，结果表明，公式中饱和砂层埋深、水位埋深、剪切波速和 PGA 与液化的相关性定性上与实际相关系数保持一致，但公式中饱和砂层埋深与液化的相关系数明显小于实际情况，说明我国规范 V_s 液化判别公式中饱和砂层埋深（d_s）对液化判别贡献过小，有待研究改进。

第7章 新西兰 Christchurch 地震特征参数与液化的相关性评价

7.1 引　　言

2011年2月22日发生的新西兰 Christchurch 地震是自有地震液化调查以来液化影响最大的一次地震,液化现象显著,全世界罕见,也是目前唯一一次液化是工程结构和基础设施破坏主因的一次地震,为液化研究提供了难得的机会。

本章首先叙述新西兰地震场地液化特点,整理收集到的砂土液化数据,然后讨论数据特点,利用相关性理论研究饱和砂层埋深、水位埋深、标贯击数以及 PGA 等影响液化的特征参数与液化的相关性,将新西兰地震液化场地特征、特征参数和液化的相关性与第5章中以往国内外其他地震液化情况进行对比分析,寻找差异与联系,为更深入认识液化问题和发展判别方法提供基础。

7.2 新西兰 Christchurch 地震简介

当地时间2011年2月22日12:51分,新西兰第二大城市南岛的 Christchurch 市发生了 $6.3(M_w)$ 级地震,震源深度 5 km;震中位于距离 Christchurch 市东南 10 km 的 Lyttelton 市。这次地震给新西兰带来了历史上前所未有的破坏,死亡人数达到185,是继1931年 Napier 地震之后伤亡人数最多的一次地震。Christchurch 地区地面加速度强度远高于2010年9月4日发生的 Darfield 地震(M_w7.1)。强烈的地面震动以及 Christchurch 地区大面积的砂土液化是产生本次灾难性破坏的主要原因。

剧烈的地面加速度幅值导致商业、住宅及工业建筑完全或部分倒塌毁坏(图7.1),而严重的大面积场地砂土液化则是构筑物、地基基础及生命线设施严重破坏的根本原因。图7.2显示了铁路由强烈的地面运动引起的变形。新西兰是世界上地震台网建设比较完备的国家之一,拥有100多台地震仪和180多个强震台站,可以获得高质量的数字台站记录。

新西兰地处澳大利亚板块和太平洋板块交汇处,地震活动频繁,地震灾害形势严峻。构造活动性主要由三部分组成:① 新西兰北岛沿着 Hikurangi 海沟的斜俯冲带(Oblique subduction zone);② 新西兰南岛西南部沿着 Puysegur 海沟的斜俯冲带;③ 新西兰中央轴向构造带内的倾斜右旋滑移断层(Axial tectonic belt oblique slip faults)。

在新西兰的南岛 Southern Apls 山脉及东部山脚地区存在甚多活断层,在过去的 150 年中,该地区发生了多次 $M > 6.0$ 的地震,包括1888年 North Canterbury 地震(M_w7.1)、1929年 Arthurs Pass 地震(M_w7.0)、1994年 Arthurs Pass 地震(M_w6.7)、1995年 Cass 地

图 7.1　新西兰 Christchurch 地震中市区建筑破坏举例

震等,最近的地震包括 2010 年 9 月 4 日发生的 Darfield 地震和 2011 年 2 月 22 日发生的 Christchurch 地震。Christchurch 地震发生在以前尚未识别出的倾斜盲断层上,该盲断层走向为东北—西南,为倾斜逆冲断层,位于 Christchurch 市区的东南部。

图 7.2 新西兰 Christchurch 地震中铁路由于地面变形而扭曲

Christchurch 地区位于 Canterbury 平原地区,该平原为多条源于 Southern Alps 山脉的河流冲积形成的冲积扇形平原。Christchurch 市坐落在 Waimakiriri 固河道上,Avon 和 Heathcote 两条河流穿城而过。附近地区地质构造复杂,地层主要由中间夹杂淤泥、黏土、泥炭、贝壳砂(Shelly sand)等的一系列卵石层组成,以往勘察结果显示 Christchurch 地区的卵石层厚度超过 500 m,在多处地区基岩深度超过 2 km,根据以往勘察资料新西兰 Canterbury 地区基岩以上土层厚度的等厚度线图可见,Christchurch 地区的基岩上土层厚度量级在 1 km,即覆盖厚厚的沉积土层。

Christchurch 市区及近郊场地土层从上至下主要由 Springston 土层、Christchurch 土层及 Riccarton 卵石层三部分组成。Springston 土层深度一般为地面以下 7 m 至 10 m,主要由海侵时期海相沉积砂层组成;Christchurch 土层构成较复杂,涵盖所有冰河后期沉积的土类,包括沙滩、河口、泻湖、沙丘和沿海沼泽沉积的卵石、砂土、淤泥、黏土、贝壳砂土及泥炭质砂土,埋藏深度 9～10 m 至 16～20 m;Riccarton 卵石层在 Canterbury 地区普遍存在,包含黏土及可塑淤泥,时常夹杂有机质淤泥或泥炭土层,市区范围内的地表以下 18～29 m(平均23.3 m)可见此类卵石层。Christchurch 市区 CBD 地区土层剖面显示该地区土层分布不均匀,特别是 Christchurch 土层,土类别复杂。

7.3 场地液化宏观特征

新西兰 Christchurch 地震岩土震害主要表现在三个方面:场地砂土液化、Port Hills 地区的滚石崩塌,以及沿河、海岸地区的侧移,其中最显著特征就是大面积的砂土液化。

图 7.3 所示为新西兰 Christchurch 地震中发生在 Port Hills 地区的滑坡和崩塌。Port Hills 地区位于 Christchurch 市东南部。此次地震中,滑坡和崩塌主要有 4 种形式:长距离的滚石(rock-fall associated with long-distance boulder roll)、悬崖崩塌产生的滚石(rock-fall associated with cliff collapse)、黄土地区早期滑坡(incipient landslides in loess deposit)、挡土墙等构筑物的破坏(retaining wall and fill failure)。

(a) 滚石穿过民居

(b) 悬崖边缘滑坡及崩塌

(c) 黄土地区滑坡及滑坡引起的地裂缝破坏建筑

图 7.3　新西兰 Christchurch 地震中滑坡及崩塌震害

(d) 挡土墙等构筑物由地震滑坡引起的破坏

续图 7.3

据报道,2010 年 9 月份的地震中受液化影响的建筑物约有 4 000 栋住宅,而这次地震中约有 10 000 栋建筑受到影响。50 km² 范围内液化在 50% 以上,砂土喷出物覆盖面积达到 70% ～ 80%。新西兰地震发生后,日本岩土工程协会调查团赶赴灾区。调查人员表示,震后"液态化现象"覆盖范围如此之大,全世界罕见。朝日新闻的报道题目为:在液化规模大小方面,相当于新西兰的阪神大地震。Christchurch 市中心东侧约 50 km² 的范围内,震后都出现液化现象,喷到地表的砂量,是日本岩土工程协会自 1978 年开始对液态化现象进行观测以来,最多的一次。图 7.4 显示了此次地震中液化引起的震害,涉及道路、农场、建筑物、堤坝等。

液化侧移是地震液化震害的一种表现形式,图 7.5 显示了 Christchurch 地震中液化侧移引起的道路破坏。据统计,2010 年 Darfield 地震和 2011 年 Christchurch 地震中大约发现了 150 处地表侧移。2011 年 Christchurch 地震中液化侧移主要有两种形式:分布形式和滑移块形式。同以往地震中的液化侧移形式一样,分布形式侧移位移随着距离水道(如河流)距离大小成指数形式的衰减;滑移块形式液化侧移主要在南 Kaiapoi 地区和 Burwood 地区发现,侧移位移随着距离水道距离的增大不成指数形式衰减,近似一个整体滑块的平移。

由 Christchurch 地震中液化分布可知沿 Avon 河两岸地区液化严重,这与孙锐等通过实际地震记录识别场地液化的结果吻合。场地液化的影响首先反映在地震动上,以 CBD 为例,记录的地震动 5% 阻尼比的谱加速度基本上超过地震重现周期 475 年的设计谱的 2 倍。所以,即使是严格按照现行规范进行抗震设计的建筑,其耐震性也会因为过大的地震作用而失效。

(a) 液化喷水冒砂淹没街道

(b) 液化引起的农场破坏

图 7.4　新西兰 Christchurch 地震主要液化震害现象

(c) 液化引起Hcathcotc防洪堤坝沿着坝方向的裂缝

(d) 场地液化引起建筑的破坏

(e) 液化引起建筑的不均匀沉降

续图 7.4

Avon 河

图 7.5 液化侧移引起的道路破坏

7.4 液化场地特征

对新西兰 Christchurch 地震共收集和筛选出可用数据 184 组,如表 7.1 所示,饱和砂层埋深、水位埋深、标贯击数和 PGA 数据各 184 例,共计 736 例,其中液化场地数据 444 例,非液化场地数据 292 例。

表 7.1 新西兰地震液化数据统计 单位:例

数据量	饱和砂层埋深	水位埋深	标贯击数	PGA	共计
液化	111	111	111	111	444
非液化	73	73	73	73	292
共计	184	184	184	184	736

图 7.6 所示为新西兰 Christchurch 地震中场地土层密实程度分布。如图 7.6(a) 所示,液化场地中松散约占 55%,稍密约占 25%,中密约占 20%,密实场地没有发生液化;如图 7.6(b) 所示,松散和稍密的非液化场地没有考虑,非液化场地 70% 左右为密实,中密约占 30%。对比图 7.6(a) 和(b) 可以发现,新西兰 Christchurch 地震中液化主要发生在松散场地上,密实场地没有发现液化现象,而非液化场地的土层密实程度为中密和密实,且主要是密实。

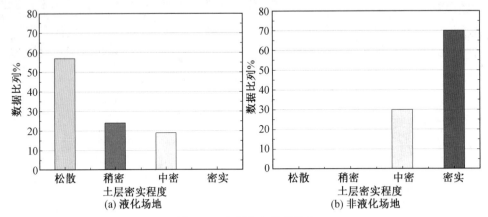

图 7.6 土层密实程度分布

图 7.7 所示为新西兰 Christchurch 地震中饱和砂层埋深分布。如图 7.7(a) 所示,液化场地中,饱和砂层埋深主要集中在 10 m 以上,约占全部数据的 80%,且在 2～4 m 内最为集中,约占 40%;0～2 m 范围内未发现液化,饱和砂层埋深超过 20 m 的约占 4%。如图 7.8(b) 所示,非液化场地中,饱和砂层埋深在 2～20 m 内分布较为均匀,在 0～10 m 内数据明显减少,约占 40%,且在 4～6 m 内最为集中,约为 17%,在非液化场地中没有发现饱和砂层埋深在 0～2 m 内的场地,饱和砂层埋深超过 20 m 的场地约占 7%,饱和砂层埋深最深达 28 m。

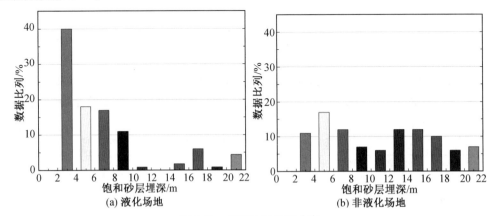

图 7.7 饱和砂层埋深分布

图 7.8 所示为新西兰 Christchurch 地震中水位埋深分布。如图 7.8(a) 所示,液化场地中,99% 以上的场地水位埋深在 3 m 以下,且主要集中在 1～2 m 内,约占 50%,其次为 2～3 m。如图 7.9(b) 所示,非液化场地中,水位埋深主要集中在 0～3 m 内,约占 80%,

水位埋深在 3～4 m 内场地所占比例超过 10%。对比图 7.8(a) 和(b) 可以看出,液化场地与非液化场地水位埋深范围较为相似,均在 0～4 m 内,且主要分布在 0～3 m 内,但两者水位埋深集中范围有所不同,液化场地水位埋深主要集中在 1～2 m 内,而非液化场地主要集中在 2～3 m 内,同时非液化场地中水位埋深在 3～4 m 内的比例比液化场地高 10% 左右。

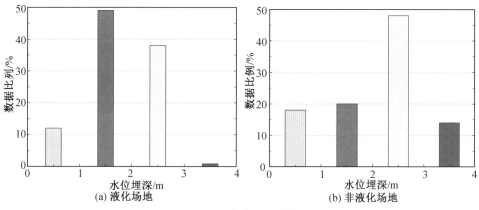

图 7.8　水位埋深分布

　　图 7.9 所示为新西兰 Christchurch 地震中烈度分布。可见,液化主要发生在 Ⅷ 度、Ⅸ度和 Ⅹ 度区内,其他烈度下没有发现液化现象,同时 80% 以上的液化发生在 Ⅸ 度区内,Ⅹ 度区内不到 5%。如图7.9(b) 所示,非液化场地中勘查点均在 Ⅷ 度和 Ⅸ 度区内,且在Ⅸ 度区内最为集中,比例超过 90%。对比图 7.9(a) 和(b) 可知,液化场地和非液化场地勘查点主要分布的烈度区相同,均在 Ⅸ 度区内,但液化场地在 Ⅷ 度、Ⅺ 度和 Ⅹ 度区内均有分布,而非液化场地仅在 Ⅷ 度和 Ⅸ 度区内有分布。

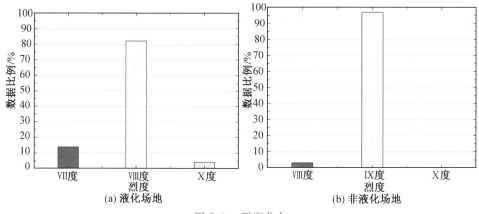

图 7.9　烈度分布

7.5　特征参数与液化的相关性分析

7.5.1　PGA 与液化的相关性

表 7.2 给出了新西兰 Christchurch 地震中 PGA 数据按饱和砂层埋深范围整理结果。如表 7.2 所示,液化场地与非液化场地 PGA 平均值相差不大,仅在饱和砂层埋深范围 15~20 m 内 PGA 平均值略有差别。从数据量来看,由于总数据量不大,所以各饱和砂层埋深范围内数据量较少,但液化与非液化数据量基本可以匹配。

表 7.2　不同饱和砂层埋深范围内 PGA 数据

饱和砂层埋深范围	PGA 平均值 /gal		数据量 / 例	
	液化	非液化	液化	非液化
0~5 m	0.46	0.49	50	16
5~10 m	0.51	0.49	33	19
10~15 m	0.46	0.49	13	19
15~20 m	0.58	0.49	10	14
20 m 以下	0.54	0.55	5	5
0~10 m	0.48	0.49	83	35
10 m 以下	0.51	0.50	28	38
总计	0.49	0.50	111	73

应用表 7.2 中的数据及相关性理论分析 PGA 与液化相关性。表 7.3 为不同饱和砂层埋深范围内 PGA 与液化的相关系数。新西兰 Christchurch 地震中,PGA 与液化相关系数为 0.03,呈正相关,但相关性不显著。在各饱和砂层埋深范围内,仅在 15~20 m 内 PGA 与液化在 0.01 水平上显著相关,其他范围内相关性均不显著。

表 7.3　不同饱和砂层埋深范围内 PGA 与液化的相关系数

饱和砂层埋深范围 /m	PGA 与液化相关系数
0~5	0.087
5~10	0.079
10~15	0.198
15~20	0.516**
>20	0.176
0~10	0.035
>10	0.071
总相关系数	0.03

注:** 表示在 0.01 水平(双侧)上显著相关。

图 7.10 所示为新西兰 Christchurch 地震中不同饱和砂层埋深范围内 PGA 与液化相关系数柱状图。如图 7.10 所示,在各个饱和砂层埋深范围内,PGA 与液化相关系数均处于正坐标轴侧,即呈正相关。总相关系数很小,在 15~20 m 内相关性最强,其次为在

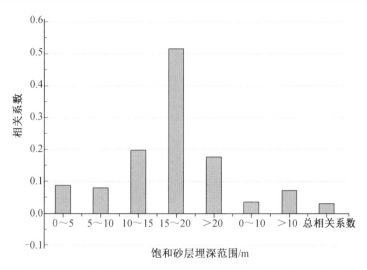

图 7.10 不同饱和砂层埋深范围内 PGA 与液化相关系数柱状图

10 ~ 15 m 内。在饱和砂层埋深范围 0 ~ 10 m 内,PGA 与液化相关性很小,与总相关系数保持一致;在 10 m 以下范围内,PGA 与液化相关性大于 0 ~ 10 m 内,但相关系数较小。

表 7.4 为新西兰 Christchurch 地震中 PGA 数据按水位埋深范围整理结果。如表 7.4 所示,从 PGA 平均值看,不同水位埋深范围内,液化场地与非液化场地的 PGA 平均值差别不大,且水位埋深范围之间 PGA 平均值差异也不显著。从数据量来看,除在 3 m 以下范围内液化与非液化数据量差异较大外,其他水位埋深范围内液化与非液化数据较为匹配。

表 7.4 不同水位埋深范围内 PGA 数据

水位埋深范围	PGA 平均值 /gal		数据量 / 例	
	液化	非液化	液化	非液化
0 ~ 1 m	0.53	0.51	13	13
1 ~ 2 m	0.48	0.47	54	15
2 ~ 3 m	0.49	0.50	43	35
0 ~ 3 m	0.49	0.49	110	63
3 m 以下	0.62	0.51	1	10
总计	0.49	0.50	111	73

采用表 7.4 中的数据,利用相关性理论分析不同水位埋深范围内 PGA 与液化的相关性,结果如表 7.5 所示。鉴于深水位,即 3 m 以下范围内液化与非液化场地数据量不匹配,因此表 7.5 中不分析 3 m 以下范围内 PGA 与液化的相关系数。结果发现,在各个水位埋深范围内 PGA 与液化相关性均不显著,但与总相关系数保持一致,相关系数较小。

表 7.5　不同水位埋深范围内 PGA 与液化的相关系数

水位埋深范围	PGA 与液化相关系数
0～1 m	0.113
1～2 m	0.02
2～3 m	0.056
0～3 m	0.024
总相关系数	0.03

图 7.11 给出了不同水位埋深范围内 PGA 与液化相关系数柱状图。如图 7.11 所示，不同水位埋深范围内，PGA 与液化的相关系数均在正坐标轴侧，即呈正相关状态，与总相关系数保持一致，其中在水位埋深范围 0～1 m 内，PGA 与液化的相关性最强，相关系数为 0.113。整体而言，不同水位埋深范围内 PGA 与液化的相关性较小。

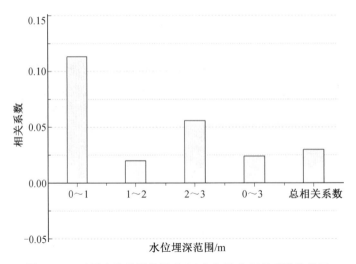

图 7.11　不同水位埋深范围内 PGA 与液化相关系数柱状图

整理新西兰 Christchurch 地震中不同烈度下 PGA 数据，得到表 7.6。由表 7.6 知，各个烈度下，液化与非液化场地 PGA 平均值差别不大。从数据量上看，Ⅸ 度下数据量较大，Ⅹ 度下数据量少，且非液化场地没有数据。所以，仅对 Ⅷ 度和 Ⅸ 度下数据进行相关性分析。

采用表 7.6 中数据，利用相关性理论分析新西兰 Christchurch 地震中不同烈度下 PGA 与液化的相关性，结果如表 7.7 所示，Ⅷ 度下，PGA 与液化在 0.01 水平上显著相关，且相关性较强；Ⅸ 度下，PGA 与液化的相关性不显著。

表 7.6　不同烈度下 PGA 数据

烈度	PGA 平均值 /gal		数据量 / 例	
	液化	非液化	液化	非液化
Ⅷ 度	0.26	0.32	38	12
Ⅸ 度	0.52	0.50	91	61
Ⅹ 度	0.79	—	4	0
总计	0.49	0.50	111	73

表 7.7　不同烈度下 PGA 与液化的相关系数

烈度	PGA 与液化相关系数
Ⅷ 度	0.668**
Ⅸ 度	0.119
总相关系数	0.03

注:** 　表示在 0.01 水平(双侧)上显著相关。

　　图 7.12 所示为新西兰 Christchurch 地震中不同烈度下 PGA 与液化相关系数柱状图,不同烈度下 PGA 与液化的相关系数均在正坐标轴侧,即呈正相关状态,与总相关系数保持一致。Ⅷ 度下 PGA 与液化的相关性强于 Ⅸ 度下,相关系数约是 Ⅸ 度下的 6 倍。

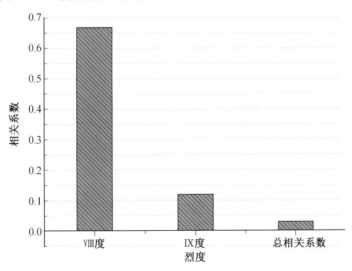

图 7.12　不同烈度下 PGA 与液化相关系数柱状图

7.5.2　饱和砂层埋深与液化的相关性

　　表 7.8 为新西兰 Christchurch 地震中不同饱和砂层埋深范围内饱和砂层埋深数据。从平均值来看,新西兰 Christchurch 地震中在浅埋藏土层即饱和砂层埋深范围 0 ~ 10 m 内液化场地与非液化场地饱和砂层埋深平均值相差不大,而在深埋藏土层即饱和砂层埋深大于 10 m 范围内饱和砂层埋深平均值相差较大,总平均值相差 4 m 左右。从数据量看,各个饱和砂层埋深范围内,数据量较为匹配。

表 7.8　不同饱和砂层埋深范围内饱和砂层埋深数据

饱和砂层埋深范围	饱和砂层埋深平均值 /m		数据量 / 例	
	液化	非液化	液化	非液化
0 ～ 5 m	3.5	3.7	50	16
5 ～ 10 m	6.1	6.8	33	19
10 ～ 15 m	10.9	13.0	13	19
15 ～ 20 m	16.5	17.0	10	14
20 m 以下	21.6	24.9	5	5
0 ～ 10 m	4.5	5.4	83	35
10 m 以下	14.8	16.0	28	38
总计	7.1	10.9	111	73

表 7.9 为新西兰 Christchurch 地震中,不同饱和砂层埋深范围内饱和砂层埋深与液化的相关系数。如表 7.9 所示,饱和砂层埋深与液化总相关系数为 －0.317,呈负相关状态,即饱和砂层埋深越深越不容易液化,且饱和砂层埋深与液化在 0.01 水平上显著相关。在各个饱和砂层埋深范围内,0 ～ 5 m、15 ～ 20 m、20 m 以下以及 10 m 以下范围内饱和砂层埋深与液化相关性不显著,在其他范围 5 ～ 10 m、10 ～ 15 m 和 0 ～ 10 m 内饱和砂层埋深与液化均在 0.01 水平上显著相关。

表 7.9　不同饱和砂层埋深与液化的相关系数

饱和砂层埋深范围 /m	饱和砂层埋深与液化相关系数
0 ～ 5	－ 0.202
5 ～ 10	－ 0.313*
10 ～ 15	－ 0.699**
15 ～ 20	－ 0.214
＞ 20	－ 0.623
0 ～ 10	－ 0.244**
＞ 10	－ 0.14
总相关系数	－ 0.317**

注:** 　表示在 0.01 水平(双侧)上显著相关。
　* 　表示在 0.05 水平(双侧)上显著相关。

图 7.13 所示为新西兰 Christchurch 地震中不同饱和砂层埋深范围内饱和砂层埋深与液化的相关系数柱状图。在各饱和砂层埋深范围内,饱和砂层埋深与液化的相关系数均在负坐标轴侧,即呈负相关状态,与总相关系数保持一致。在饱和砂层埋深范围 10 ～ 15 m 内,相关性系数最大,其次为大于 20 m 范围内。浅埋藏即饱和砂层埋深范围 0 ～ 10 m 内饱和砂层埋深与液化的相关性强于深埋藏即饱和砂层埋深大于 10 m 范围内。

表 7.10 为不同水位埋深范围内饱和砂层埋深平均值及数据量。如表 7.10 所示,从平均值上看,在各个水位埋深范围内,液化场地饱和砂层埋深均较非液化场地小,平均相差 3 m 左右;而在深水位埋深即水位埋深 3 m 以下范围内,非液化场地饱和砂层埋深约比液化场地大 1 倍。从数据量上看,液化场地数据与非液化场地数据较为匹配。

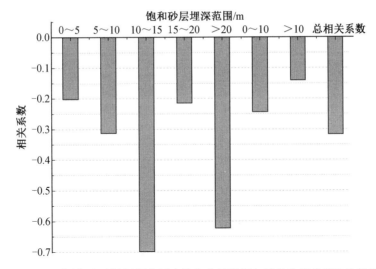

图 7.13　不同饱和砂层埋深范围内饱和砂层埋深与液化的相关系数柱状图

表 7.10　不同水位埋深范围内饱和砂层埋深数据

水位埋深范围	饱和砂层埋深平均值 /m		数据量 / 例	
	液化	非液化	液化	非液化
0 ～ 1 m	6.1	10.9	13	13
1 ～ 2 m	6.9	10.0	54	15
2 ～ 3 m	7.8	10.9	43	35
0 ～ 3 m	7.1	10.7	110	63
3 m 以下	5.8	12.6	1	10
总计	7.1	10.9	111	73

　　表 7.11 所示为新西兰 Christchurch 地震中不同水位埋深范围内饱和砂层埋深与液化的相关系数。由于深水位埋深 3 m 以下范围内液化与非液化场地数据量不匹配,因此表 7.11 中不分析水位埋深 3 m 以下范围内饱和砂层埋深与液化的相关系数。由表 7.11 可知,在水位埋深范围 0 ～ 1 m 内,饱和砂层埋深与液化相关性不显著,在 1 ～ 2 m 和 2 ～ 3 m 范围内,饱和砂层埋深与液化在 0.05 水平上显著相关,在浅水位埋深范围 0 ～ 3 m 内饱和砂层埋深与液化在 0.01 水平上显著相关,与总相关系数一致。

表 7.11　不同水位埋深范围内饱和砂层埋深与液化的相关系数

水位埋深范围 /m	饱和砂层埋深与液化相关系数
0 ～ 1	− 0.387
1 ～ 2	− 0.252*
2 ～ 3	− 0.257*
0 ～ 3	− 0.297**
总相关系数	− 0.317**

注:** 　表示在 0.01 水平(双侧)上显著相关。
　　* 　表示在 0.05 水平(双侧)上显著相关。

　　图 7.14 所示为不同水位埋深范围内饱和砂层埋深与液化相关系数柱状图。如图 7.14 所示,不同水位埋深范围内,饱和砂层埋深与液化的相关系数均在负坐标轴侧,即呈

负相关状态,与总相关系数保持一致,其中在水位埋深范围 0～1 m 内饱和砂层埋深与液化的相关系数最大,但其相关性不显著,在浅水位埋深范围 0～3 m 内饱和砂层埋深与液化的相关性较强。

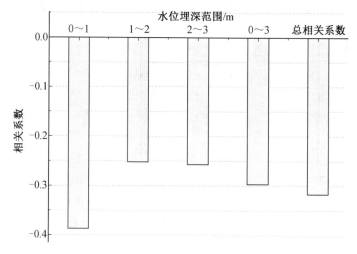

图 7.14 不同水位埋深范围内饱和砂层埋深与液化相关系数柱状图

表 7.12 为新西兰 Christchurch 地震中不同烈度下饱和砂层埋深数据。如表 7.12 所示,从平均值看,各个烈度下,液化场地较非液化场地饱和砂层埋深平均值小约 3 m。从数据量上看,Ⅸ 度下数据量较大,Ⅹ 度下数据量少,且非液化场地没有数据。Ⅷ 度和 Ⅸ 度下液化和非液化数据较为相当。

表 7.12 不同烈度下饱和砂层埋深数据

烈度	饱和砂层埋深平均值 /m		数据量 / 例	
	液化	非液化	液化	非液化
Ⅷ 度	7.5	10.6	38	12
Ⅸ 度	7.6	10.9	91	61
Ⅹ 度	5.2	—	4	0
总计	7.1	10.9	111	73

表 7.13 为不同烈度下饱和砂层埋深与液化的相关系数。如表 7.13 所示,Ⅷ 度下,饱和砂层埋深与液化在 0.05 水平上显著相关;Ⅸ 度下,饱和砂层埋深与液化在 0.01 水平上显著相关,与总相关系数保持一致。

图 7.15 所示为新西兰 Christchurch 地震中不同烈度下饱和砂层埋深与液化相关系数柱状图。如图 7.15 所示,不同烈度下饱和砂层埋深与液化的相关系数在负坐标轴侧,即呈负相关状态,与总相关系数保持一致。Ⅷ 度下饱和砂层埋深与液化的相关系数大于Ⅸ 度下,但总相关系数与 Ⅸ 度下保持一致,均为在 0.01 水平上显著相关。

表 7.13　不同烈度下饱和砂层埋深与液化的相关系数

烈度	饱和砂层埋深与液化相关系数
Ⅷ 度	-0.498^{*}
Ⅸ 度	-0.278^{**}
总相关系数	-0.317^{**}

注:**　表示在 0.01 水平(双侧)上显著相关。

　　*　表示在 0.05 水平(双侧)上显著相关。

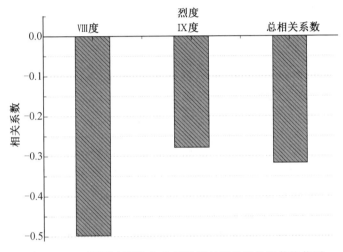

图 7.15　不同烈度下饱和砂层埋深与液化相关系数柱状图

7.5.3　水位埋深与液化的相关性

表 7.14 为新西兰 Christchurch 地震中不同饱和砂层埋深范围内水位埋深数据。从平均值来看,在各个饱和砂层埋深范围内,液化场地水位埋深均较非液化场地水位埋深小,相差约为 0.3 m。从数据量看,各个饱和砂层埋深范围内,数据量较为匹配。

表 7.14　不同饱和砂层埋深范围内水位埋深数据

饱和砂层埋深范围	水位埋深平均值 /m		数据量 / 例	
	液化	非液化	液化	非液化
0 ~ 5 m	1.6	1.9	50	16
5 ~ 10 m	2.0	1.9	33	19
10 ~ 15 m	1.7	1.9	13	19
15 ~ 20 m	1.7	2.1	10	14
20 m 以下	2.0	2.3	5	5
0 ~ 10 m	1.7	1.9	83	35
10 m 以下	1.7	2.0	28	38
总计	1.7	2.0	111	73

表 7.15 为新西兰 Christchurch 地震中不同饱和砂层埋深范围内水位埋深与液化的相关系数。如表 7.15 所示,水位埋深与液化总相关系数为 -0.160,呈负相关状态,即水位埋深越大越不容易液化,且水位埋深与液化在 0.05 水平上显著相关。在各个饱和砂层

埋深范围内,在 0 ～ 5 m 和浅饱和砂层埋深 0 ～ 10 m 范围内水位埋深与液化在 0.05 水平上显著相关,在其他范围内水位埋深与液化相关性不显著。

表 7.15　不同饱和砂层埋深范围内水位埋深与液化的相关系数

饱和砂层埋深范围 /m	水位埋深与液化相关系数
0 ～ 5	− 0.262*
5 ～ 10	0.086
10 ～ 15	− 0.133
15 ～ 20	− 0.293
＞ 20	− 0.198
0 ～ 10	− 0.113*
＞ 10	− 0.19
总相关系数	− 0.160*

注:*　表示在 0.05 水平(双侧)上显著相关。

　　图 7.16 所示为新西兰 Christchurch 地震中不同饱和砂层埋深范围内水位埋深与液化的相关系数柱状图。如图 7.16 所示,在各个饱和砂层埋深范围内,水位埋深与液化的相关系数除在 5 ～ 10 m 内,均在负坐标轴侧,即呈负相关状态,与总相关系数保持一致。在饱和砂层埋深范围 15 ～ 20 m 内,相关系数最大,但相关性不显著,其次为在 0 ～ 5 m 内。在浅埋藏 0 ～ 10 m 内,水位埋深与液化的相关系数小于在 10 m 以下范围内。

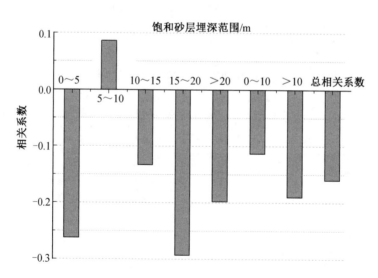

图 7.16　不同饱和砂层埋深范围内水位埋深与液化相关系数柱状图

　　表 7.16 为不同水位埋深范围内水位埋深数据。如表 7.16 所示,从平均值上看,在各水位埋深范围内,液化场地水位埋深平均值与非液化场地基本相同。从数据量上看,除在深水位埋深 3 m 以下范围内,液化场地数据与非液化场地数据较为匹配。

表 7.16　不同水位埋深范围内水位埋深数据

水位埋深范围	水位埋深平均值 /m		数据量 / 例	
	液化	非液化	液化	非液化
0～1 m	0.6	0.7	13	13
1～2 m	1.5	1.7	54	15
2～3 m	2.3	2.2	43	35
0～3 m	1.7	1.7	110	63
3 m 以下	3.9	3.3	1	10
总计	1.7	2.0	111	73

表 7.17 为新西兰 Christchurch 地震中不同水位埋深范围内水位埋深与液化的相关系数。由于深水位埋深 3 m 以下范围内液化与非液化场地数据量不匹配,因此表 7.17 中不分析在 3 m 以下范围内水位埋深与液化的相关系数。如表 7.17 所示,在各个水位埋深范围内,水位埋深与液化相关性均不显著,而总相关系数在 0.05 水平上显著相关。

表 7.17　不同水位埋深范围内水位埋深与液化的相关系数

水位埋深范围	水位埋深与液化相关系数
0～1 m	−0.087
1～2 m	−0.218
2～3 m	0.145
0～3 m	−0.029
总相关系数	−0.160*

注:* 表示在 0.05 水平(双侧)上显著相关。

图 7.17 所示为不同水位埋深范围内水位埋深与液化相关系数柱状图。如图 7.17 所示,在 0～1 m、1～2 m 和浅水位埋深 0～3 m 范围内,水位埋深与液化的相关系数均在负坐标轴侧,即呈负相关状态,与总相关系数保持一致,其中在水位埋深 1～2 m 内水位埋深与液化的相关系数最大,但其相关性不显著,在 2～3 m 内,水位埋深与液化呈正相

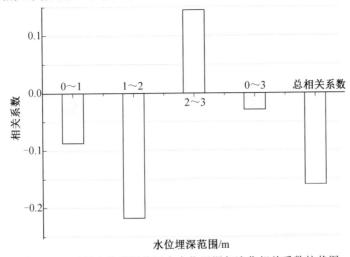

图 7.17　不同水位埋深范围内水位埋深与液化相关系数柱状图

关,与总相关系数相反。

表 7.18 为新西兰 Christchurch 地震中不同烈度下水位埋深数据。如表 7.18 所示,从平均值看,各个烈度下,液化与非液化场地水位埋深平均值较为相似。从数据量上看,Ⅸ 度下数据量较大,Ⅹ 度下数据量少,且非液化场地没有数据,总体上看,Ⅷ 度和 Ⅸ 度下液化和非液化数据较为相当。

表 7.18 不同烈度下水位埋深数据

烈度	水位埋深平均值 /m		数据量 / 例	
	液化	非液化	液化	非液化
Ⅷ 度	1.7	1.9	38	12
Ⅸ 度	1.8	2.0	91	61
Ⅹ 度	1.3	—	4	0
总计	1.7	2.0	111	73

表 7.19 为不同烈度下水位埋深与液化的相关系数,由于 Ⅹ 度下液化数据量小,且没有非液化数据,因此不分析 Ⅹ 度下水位埋深与液化的相关性。如表 7.19 所示,烈度 Ⅷ 度、Ⅸ 度下水位埋深与液化相关性不显著,而总相关系数中水位埋深与液化在 0.05 水平上显著相关。

表 7.19 不同烈度下水位埋深与液化的相关系数

烈度	水位埋深与液化相关系数
Ⅷ 度	− 0.137
Ⅸ 度	− 0.14
总相关系数	− 0.160*

注:* 表示在 0.05 水平(双侧)上显著相关。

图 7.18 所示为新西兰 Christchurch 地震中不同烈度下水位埋深与液化相关系数柱状图。如图 7.18 所示,不同烈度下水位埋深与液化的相关系数在负坐标轴侧,即呈负相关状态,与总相关系数保持一致。Ⅷ 度、Ⅸ 度下相关性大小基本相同。

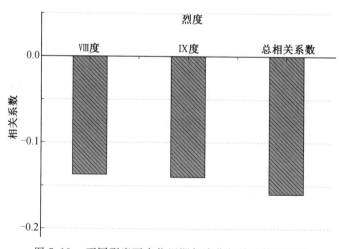

图 7.18 不同烈度下水位埋深与液化相关系数柱状图

7.5.4　标贯击数与液化的相关性

表 7.20 为新西兰 Christchurch 地震中不同饱和砂层埋深范围内标贯击数数据。从平均值来看,各个饱和砂层埋深范围内液化场地标贯击数平均值均较非液化场地小,且相差较大,总相关系数上相差 3 倍左右。从数据量看,各个饱和砂层埋深范围内,数据量较为匹配。

表 7.20　不同饱和砂层埋深范围内标贯击数数据

饱和砂层埋深范围	标贯击数(每 30 cm)平均值 / 击		数据量 / 例	
	液化	非液化	液化	非液化
0 ～ 5 m	7	27	50	16
5 ～ 10 m	12	31	33	19
10 ～ 15 m	12	36	13	19
15 ～ 20 m	13	39	10	14
20 m 以下	13	46	5	5
0 ～ 10 m	9	29	83	35
10 m 以下	13	38	28	38
总计	10	34	111	73

表 7.21 为新西兰 Christchurch 地震中不同饱和砂层埋深范围内标贯击数与液化的相关系数。如表 7.21 所示,标贯击数与液化总相关系数为 -0.881,呈负相关状态,即标贯击数越大越不容易液化。在各个饱和砂层埋深范围内,标贯击数与液化均在 0.01 水平上显著相关。

表 7.21　不同饱和砂层埋深范围内标贯击数与液化的相关系数

饱和砂层埋深范围 /m	标贯击数与液化相关系数
0 ～ 5	-0.917**
5 ～ 10	-0.847**
10 ～ 15	-0.890**
15 ～ 20	-0.920**
＞ 20	-0.972**
0 ～ 10	-0.871**
10 ～ 20	-0.902**
总相关系数	-0.881**

注: ** 表示在 0.01 水平(双侧)上显著相关。

图 7.19 所示为新西兰 Christchurch 地震中不同饱和砂层埋深范围内标贯击数与液化的相关系数柱状图。如图 7.19 所示,在各饱和砂层埋深范围内,标贯击数与液化的相关系数均位于负坐标轴侧,即呈负相关状态,与总相关系数保持一致,且相关性大小与总相关系数也基本平行。特别在深饱和砂层埋深即 20 m 以下范围内,标贯击数与液化相关系数趋近于 1,即趋近于线性相关状态。

表 7.22 为不同水位埋深范围内标贯击数数据。如表 7.22 所示,从平均值上看,在各个水位埋深范围内,液化场地标贯击数均较非液化场地小,平均值相差 20 击左右。从数据量上看,液化场地数据与非液化场地数据较为匹配。

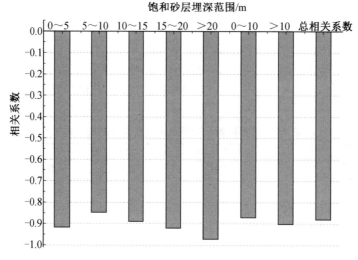

图 7.19 不同饱和砂层埋深范围内标贯击数与液化相关系数柱状图

表 7.22 不同水位埋深范围内标贯击数数据

水位埋深范围	标贯击数 N(每 30 cm)平均值／击		数据量／例	
	液化	非液化	液化	非液化
0～1 m	10	32	13	13
1～2 m	9.5	34	54	15
2～3 m	10	35	43	35
0～3 m	10	34	110	63
3 m 以下	16	34	1	10
总计	10	34	111	73

表 7.23 为新西兰 Christchurch 地震中不同水位埋深范围内标贯击数的相关系数。由于深水位埋深即 3 m 以下范围内液化与非液化场地数据量不匹配,因此表 7.23 中不分析 3 m 以下范围内标贯击数与液化的相关系数。在各个水位埋深范围内,标贯击数与液化均在 0.01 水平上显著相关,且与总相关系数一致。

表 7.23 不同水位埋深范围内标贯击数与液化的相关系数

水位埋深范围	标贯与液化相关系数
0～1 m	− 0.822**
1～2 m	− 0.883**
2～3 m	− 0.896**
0～3 m	− 0.886**
总相关系数	− 0.881**

注:** 表示在 0.01 水平(双侧)上显著相关。

图 7.20 所示为不同水位埋深范围内标贯击数与液化相关系数柱状图。如图 7.20 所示,不同水位埋深范围内,标贯击数与液化的相关系数均在负坐标轴侧,即呈负相关状态,与总相关系数保持一致,其中在水位埋深范围 0 ~ 1 m 内标贯击数与液化的相关性最强。

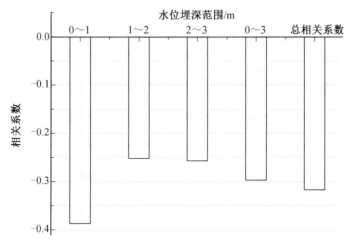

图 7.20　不同水位埋深范围内标贯击数与液化相关系数柱状图

表 7.24 为新西兰 Christchurch 地震中不同烈度下标贯击数数据。如表 7.24 所示,从平均值看,各个烈度下,液化与非液化场地标贯击数平均值差值较大,Ⅷ 度下非液化场地均值约大于液化场地约 30 击,Ⅸ 度下非液化场地均值大于液化场地约 20 击。从数据量上看,Ⅸ 度下数据量较大,Ⅹ 度下数据量少,且非液化场地没有数据,总体上看,Ⅷ 度和Ⅸ 度下液化和非液化数据较为匹配。

表 7.24　不同烈度下标贯击数数据

烈度	标贯击数(每 30 cm)平均值 / 击		数据量 / 例	
	液化	非液化	液化	非液化
Ⅷ 度	11	41	38	12
Ⅸ 度	10	34	91	61
Ⅹ 度	11	—	4	0
总计	10	34	111	73

表 7.25 为不同烈度下标贯击数与液化的相关系数,由于 Ⅹ 度下液化数据量小,且无非液化数据,因此不分析 Ⅹ 度下标贯击数与液化的相关性。如表 7.25 所示,在 Ⅷ 度和 Ⅸ 度下,标贯击数均与液化在 0.01 水平上显著相关,与总相关系数保持一致。

图 7.21 所示为新西兰 Christchurch 地震中不同烈度下标贯击数与液化相关系数柱状图,不同烈度下标贯击数与液化的相关系均数在负坐标轴侧,即呈负相关状态,与总相关系数保持一致。Ⅷ 度下标贯击数与液化的相关性强于 Ⅸ 度下。

表 7.25　不同烈度下标贯击数与液化的相关系数

烈度	标贯击数与液化相关系数
Ⅷ 度	− 0.948**
Ⅸ 度	− 0.875**
总相关系数	− 0.881**

注:** 表示在 0.01 水平(双侧)上显著相关。

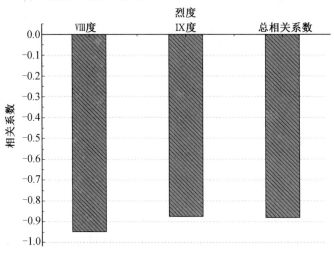

图 7.21　不同烈度下标贯击数与液化相关系数柱状图

7.5.5　各特征参数与液化的相关性对比

表 7.26 为新西兰 Christchurch 地震中影响液化的各特征参数与液化的相关系数对比。新西兰 Christchurch 地震中各参数与液化的相关性与国内外其他地震基本一致,饱和砂层埋深、水位埋深和标贯击数与液化均呈负相关,PGA 与液化呈正相关,且新西兰地震中饱和砂层埋深和水位埋深与液化的相关系数大小与国内外其他地震的相关系数基本相同,且为显著相关。

表 7.26　各特征参数与液化的相关系数

地震	饱和砂层埋深	水位埋深	标贯击数	PGA
新西兰地震	− 0.317**	− 0.160*	− 0.881**	0.03
国内外其他地震	− 0.367**	− 0.159**	− 0.482**	0.346**

注:** 表示在 0.01 水平(双侧)上显著相关。
　* 表示在 0.05 水平(双侧)上显著相关。

新西兰 Christchurch 地震中标贯击数与液化相关系数,以及 PGA 与液化相关系数明显大于国内外其他地震情况。主要原因可能与新西兰 Christchurch 地震勘查点选取有关,从 PGA 数据看,新西兰 Christchurch 地震 PGA 数据主要集中在 Ⅸ 度区内,且大小相近,因此分析其相关性时出现了与国内外其他地震不同的情况。

图 7.22 所示为新西兰 Christchurch 地震中各特征参数与液化相关系数对比柱状图。如图 7.22 所示,水位埋深、饱和砂层埋深和标贯击数与液化呈正相关,PGA 与液化呈负相关,且标贯击数与液化的相关性最强,其次为饱和砂层埋深、水位埋深,最小为 PGA。相关系数大小上看,标贯击数相关系数约是水位埋深的 5.5 倍,约是饱和砂层埋深的 2.7 倍,约是 PGA 的 29 倍。

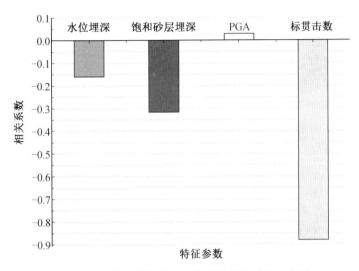

图 7.22　各特征参数与液化相关系数对比柱状图

表 7.27 为新西兰 Christchurch 地震中不同饱和砂层埋深范围内各特征参数与液化的相关系数。如表 7.27 所示,饱和砂层埋深范围 0～5 m 内,标贯击数与液化在 0.01 水平上显著相关,水位埋深与液化在 0.05 水平上显著相关,饱和砂层埋深和 PGA 与液化相关性不显著;在 5～10 m 范围内,标贯击数与液化在 0.01 水平上显著相关,饱和砂层埋深与液化在 0.05 水平上显著相关,水位埋深和 PGA 与液化相关性不显著;在 10～15 m 范围内,标贯击数和饱和砂层埋深与液化在 0.01 水平上显著相关,水位埋深和 PGA 与液化相关性不显著;在 15～20 m 范围内,标贯击数和 PGA 与液化在 0.01 水平上显著相关,水位埋深和饱和砂层埋深与液化相关性不显著;在 20 m 以下范围内,仅标贯击数与液化在 0.01 水平上显著相关,其他参数饱和砂层埋深、水位埋深和 PGA 与液化相关性不显著。在浅饱和砂层埋深 0～10 m 范围内,标贯击数和饱和砂层埋深与液化在 0.01 水平上显著相关,水位埋深与液化在 0.05 水平上显著相关,PGA 与液化相关性不显著,在此范围内参数与液化的相关性与总相关系数保持一致;在深饱和砂层埋深 10 m 以上范围内,仅标贯击数与液化在 0.01 水平上显著相关,饱和砂层埋深、水位埋深和 PGA 与液化均为不显著相关。

表 7.27　　不同饱和砂层埋深范围内各特征参数与液化相关系数

饱和砂层埋深范围	饱和砂层埋深	水位埋深	标贯击数	PGA
0～5 m	−0.202	−0.262*	−0.917**	0.087
5～10 m	−0.313*	0.086	−0.847**	0.079
10～15 m	−0.699**	−0.133	−0.890**	0.198
15～20 m	−0.214	−0.293	−0.920**	0.516**
＞20	−0.623	−0.198	−0.972**	0.176
0～10 m	−0.244**	−0.113*	−0.871**	0.035
＞10	−0.14	−0.19	−0.902**	0.071

注:** 　表示在 0.01 水平(双侧)上显著相关。

　*　表示在 0.05 水平(双侧)上显著相关。

图 7.23 所示为新西兰 Christchurch 地震中不同饱和砂层埋深范围内各特征参数与液化相关性柱状图。如图 7.23 所示,在饱和砂层埋深范围 0～5 m 内,标贯击数与液化相关性最大,其次为水位埋深、饱和砂层埋深和 PGA,饱和砂层埋深、水位埋深和标贯击数与液化呈负相关,PGA 与液化呈正相关;在 5～10 m 范围内,标贯击数与液化相关性最大,其次为饱和砂层埋深、水位埋深和 PGA,其中饱和砂层埋深和标贯击数与液化呈负相关,水位埋深和 PGA 与液化呈正相关;在 10～15 m 范围内,标贯击数与液化相关性最大,其次为饱和砂层埋深、PGA 和水位埋深,其中饱和砂层埋深、水位埋深和标贯击数与液化呈负相关,PGA 与液化呈正相关;在 15～20 m 范围内,标贯击数与液化的相关性最大,其次为 PGA、水位埋深和饱和砂层埋深,其中饱和砂层埋深、水位埋深和标贯击数与液化呈负相关,PGA 与液化呈正相关;在 20 m 以下范围内,标贯击数与液化相关性最大,其次为饱和砂层埋深、水位埋深和 PGA,其中饱和砂层埋深、水位埋深和标贯击数与液化呈负相关,PGA 与液化呈正相关。浅饱和砂层埋深 0～10 m 范围内,标贯击数与液化相关性最大,其次为饱和砂层埋深、水位埋深和 PGA,其中饱和砂层埋深、水位埋深和标贯击数与

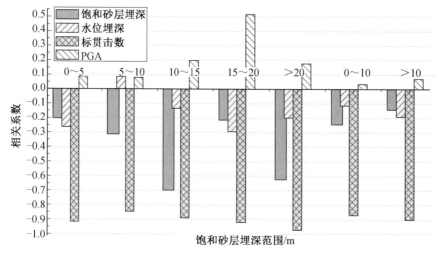

图 7.23　不同饱和砂层埋深范围内各特征参数与液化相关系数柱状图

液化呈负相关,PGA 与液化呈正相关;在深饱和砂层埋深 10 m 以下范围内,标贯击数与液化相关性最大,其次为水位埋深、饱和砂层埋深和 PGA,其中饱和砂层埋深、水位埋深和标贯击数与液化呈负相关,PGA 与液化呈正相关。

表 7.28 为新西兰 Christchurch 地震中不同水位埋深范围内各特征参数与液化的相关系数。如表 7.28 所示,在水位埋深范围 0～1 m 内,标贯击数与液化在 0.01 水平上显著相关,其他参数饱和砂层埋深、水位埋深和 PGA 与液化相关性不显著;在 1～2 m 范围内,标贯击数与液化在 0.01 水平上显著相关,饱和砂层埋深与液化在 0.05 水平上显著相关,水位埋深和 PGA 与液化相关性不显著;在 2～3 m 范围内,饱和砂层埋深与液化在 0.05 水平上显著相关,水位埋深和 PGA 与液化相关性不显著。在浅水位埋深 0～3 m 范围内,标贯击数和饱和砂层埋深与液化在 0.01 水平上显著相关,水位埋深和 PGA 与液化相关性不显著。

表 7.28　不同水位埋深范围内各特征参数与液化的相关系数

水位埋深范围 /m	饱和砂层埋深	水位埋深	标贯击数	PGA
0～1	−0.387	−0.087	−0.822**	0.113
1～2	−0.252*	−0.218	−0.883**	0.02
2～3	−0.257*	0.145	−0.896**	0.056
0～3	−0.297**	−0.029	−0.886**	0.024

注:** 　表示在 0.01 水平(双侧)上显著相关。

　　* 　表示在 0.05 水平(双侧)上显著相关。

图 7.24 所示为不同水位埋深范围内各特征参数与液化相关性柱状图。如图 7.24 所示,在 0～1 m 范围内,标贯击数与液化相关性最大,其次为饱和砂层埋深、PGA 和水位埋深,其中饱和砂层埋深、水位埋深和标贯击数与液化呈负相关,PGA 与液化呈正相关;在水位埋深 1～2 m 范围内,标贯击数与液化相关性最大,其次为饱和砂层埋深、PGA 和水位埋深,其中饱和砂层埋深、水位埋深和标贯击数与液化呈负相关,PGA 与液化呈正相关;在 2～3 m 范围内,标贯击数与液化相关性最大,其次为饱和砂层埋深、PGA 和水位埋深,其中饱和砂层埋深和标贯击数与液化呈负相关,水位埋深和 PGA 与液化呈正相关。在浅水位埋深 0～3 m 范围内,标贯击数与液化相关性最大,其次为饱和砂层埋深、PGA 和水位埋深,其中饱和砂层埋深、水位埋深和标贯击数与液化呈负相关,PGA 与液化呈正相关。

表 7.29 为不同烈度下各特征参数与液化的相关系数。如表 7.29 所示,Ⅷ 度下,饱和砂层埋深与液化在 0.05 水平上显著相关,标贯击数和 PGA 与液化在 0.01 水平上显著相关,水位埋深与液化相关性不显著;Ⅸ 度下饱和砂层埋深和标贯击数与液化在 0.01 水平上显著相关,水位埋深和 PGA 与液化相关性不显著,与总相关系数较为一致。

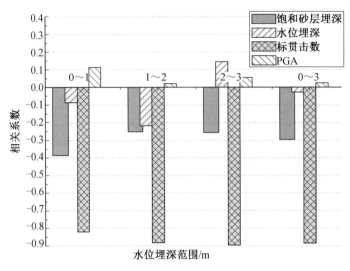

图 7.24 不同水位埋深范围内各特征参数与液化相关系数柱状图

表 7.29 不同烈度下各特征参数与液化的相关系数

烈度	饱和砂层埋深	水位埋深	标贯击数	PGA
Ⅷ 度	−0.498*	−0.137	−0.948**	0.668**
Ⅸ 度	−0.278**	−0.14	−0.875**	0.119

注:** 表示在 0.01 水平(双侧)上显著相关。

* 表示在 0.05 水平(双侧)上显著相关。

图 7.25 所示为不同烈度下各特征参数与液化相关系数柱状图。如图 7.25 所示,在 Ⅷ 度下,标贯击数与液化相关性最大,其次为 PGA、饱和砂层埋深和水位埋深,其中饱和砂层埋深、水位埋深和标贯击数与液化呈负相关,PGA 与液化呈正相关;在 Ⅸ 度下,标贯击数与液化相关性最大,其次为饱和砂层埋深、水位埋深和 PGA,其中饱和砂层埋深、水位埋深和标贯击数与液化呈负相关,PGA 与液化呈正相关。

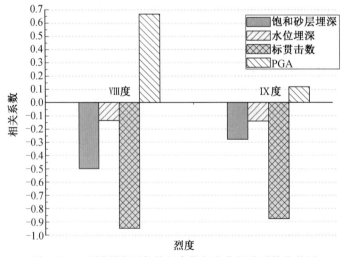

图 7.25 不同烈度下各特征参数与液化相关系数柱状图

7.6　本章小结

本章收集整理了 2011 年 2 月 22 日新西兰 Christchurch 地震中液化数据，并对数据进行了筛选和整理，分析了液化场地的特征，包括土层埋藏条件（埋深和水位），土性（密实度）和标贯击数，并利用相关性理论研究了包括饱和砂层埋深和水位埋深、标贯击数和 PGA 等特征参数与液化的相关性，得到新西兰地震液化较为全面和客观的认识，同时分析了新西兰地震与国内外其他地震场地特征与液化相关性的差异和联系。

主要工作和结果如下。

（1）2011 年 2 月 22 日新西兰 Christchurch 市发生的 6.3 级（M_w）地震造成了新西兰历史上最严重的破坏；强烈的地面运动和大面积的砂土液化是本次地震破坏的主要因素。

（2）新西兰 Christchurch 地震中的液化震害是以往历次地震中最为严重的一次，液化引起的震害形式多样，包括桥梁、街道、道路、房屋建筑、地下管道设施、挡土墙护堤的侧移等破坏，成为目前唯一一次液化是工程结构和基础设施破坏主因的一次地震。

（3）从新西兰 Christchurch 地震液化勘查资料中，选取数据共计 184 组，饱和砂层埋深、水位埋深、标贯击数和 PGA 数据各 184 例，共计 736 例数据，其中液化场地数据 444 例，非液化场地数据 292 例。

（4）选择的数据中，液化 55% 以上发生在松散场地上，密实场地没有液化发生；非液化场地勘查点 70% 左右在密实场地上，未发现有勘查点在松散和稍密场地上，且密实场地的比例较液化场地增加 30%。

（5）选择的数据中，液化场地的饱和砂层埋深主要集中在 10 m 以上，约占全部数据的 80% 以上，且主要集中在 2～4 m 范围内；非液化场地饱和砂层埋深在 2～20 m 范围内分布较为均匀，在 0～10 m 范围内比例明显减少，约占 40%，且在 4～6 m 内最为集中，埋深超过 20 m 的场地比例比液化场地略有增加，最深达 28 m。

（6）选择的数据中，液化与非液化场地水位埋深范围均在 0～4 m 内，99% 以上的液化场地水位埋深在 3 m 以上，且主要集中在 1～2 m 范围内，约占 50%；非液化场地中，水位埋深主要集中在 0～3 m 内，约占 80% 以上，且在 2～3 m 内最为集中，水位埋深在 3～4 m 范围内比例比液化场地有所增加。

（7）选择的数据中，液化发生在烈度 Ⅷ 度、Ⅸ 度和 Ⅹ 度区内，80% 以上的液化主要出现在 Ⅸ 度区内，Ⅹ 度区内不到 5%；非液化场地中勘查点分布范围较液化场地范围窄，均在烈度 Ⅷ 度和 Ⅸ 度区内，且主要集中在 Ⅸ 度区内，比例超过 90%。

（8）新西兰 Christchurch 地震中，PGA 与液化的相关系数为 0.03，与液化呈正相关，但相关性不显著。

（9）不同饱和砂层埋深范围内，PGA 与液化相关系数均呈正相关状态，但总相关系数极小，仅在 15～20 m 范围内相关性强，且在 0.01 水平上显著相关，其他范围内相关性均不显著；浅埋藏饱和砂层埋深 0～10 m 范围内，PGA 与液化相关性略小于深埋藏 10 m 以下范围，但二者范围内相关系数均较小，且相关性不强。

（10）不同水位埋深范围内，PGA 与液化的相关系数均呈正相关状态，与总相关系数保持一致,其中在水位埋深范围0～1 m内,PGA与液化的相关性最强,但从整体上看,在各个水位范围内PGA与液化的相关性均较小,且相关性不显著。

(11)不同烈度下,PGA与液化的相关系数均呈正相关状态,与总相关系数保持一致。Ⅷ度下PGA与液化的相关性强于Ⅸ度下,相关系数大小Ⅷ度下约是Ⅸ度下的6倍,且PGA与液化在0.01水平上显著相关,而Ⅸ度下,PGA与液化的相关性不显著。

(12)新西兰Christchurch地震中,饱和砂层埋深与液化相关系数为－0.317,呈负相关状态,即饱和砂层埋深越大越不容易液化,且在0.01水平上显著相关。

(13)不同饱和砂层埋深范围内,饱和砂层埋深与液化均呈负相关,与总相关系数保持一致。0～5 m、15～20 m、20 m以下以及10 m以下范围内饱和砂层埋深与液化相关性不显著,在其他范围5～10 m、10～15 m和0～10 m内饱和砂层埋深与液化均在0.01水平上显著相关,且在10～15 m范围内相关性系数最大。浅埋藏0～10 m范围内饱和砂层埋深与液化的相关性强于深埋藏大于10 m范围内相关性。

(14)不同水位埋深范围内,饱和砂层埋深与液化均呈负相关状态,与总相关系数保持一致。在水位埋深0～1 m范围内,饱和砂层埋深与液化相关性不显著,但相关系数最大,在1～2 m和2～3 m范围内,饱和砂层埋深与液化在0.05水平上显著相关。在浅水位埋深0～3 m内饱和砂层埋深与液化在0.01水平上显著相关,且与液化的相关性较强。

(15)不同烈度下,饱和砂层埋深与液化呈负相关状态,与总相关系数保持一致。Ⅷ度下饱和砂层埋深与液化的相关系数大于Ⅸ度下相关系数,但总相关系数与Ⅸ度下保持一致,在0.01水平上显著相关,而Ⅷ度下饱和砂层埋深与液化在0.05水平上显著相关。

(16)新西兰Christchurch地震中,水位埋深与液化总相关系数为－0.160,呈负相关状态,即水位埋深越大越不容易液化,且水位埋深与液化在0.05水平上显著相关。

(17)不同饱和砂层埋深范围内,除在5～10 m范围内,水位埋深与液化均呈负相关状态,与总相关系数保持一致。在饱和砂层埋深15～20 m范围内,相关性系数最大,但相关性不显著。浅埋藏0～10 m范围内,水位埋深与液化的相关系数小于10 m以下范围。

(18)不同水位埋深范围内,水位埋深与液化相关性均不显著,在0～1 m、1～2 m和浅水位埋深0～3 m范围内,水位埋深与液化呈负相关状态,其中在水位埋深1～2 m范围内水位埋深与液化的相关系数最大,但其相关性不显著,而在水位埋深2～3 m范围内,水位埋深与液化呈正相关,与总相关系数相反。

(19)不同烈度下,水位埋深与液化均呈负相关状态,与总相关系数保持一致。烈度Ⅷ度、Ⅸ度下水位埋深与液化相关性均不显著,且相关性大小基本相同

(20)新西兰Christchurch地震中,标贯击数与液化总相关系数为－0.881,呈负相关状态,即标贯击数越大越不容易液化,且标贯击数与液化在0.01水平上显著相关。

(21)不同饱和砂层埋深范围内,标贯击数与液化均呈负相关状态,且在0.01水平上显著相关,其相关性大小与总相关系数也保持一致。在深饱和砂层埋深20 m以下范围内,标贯击数与液化相关系数趋近于1,即趋近于线性相关状态。

（22）不同水位埋深范围内，标贯击数与液化均呈负相关状态，均在 0.01 水平上显著相关，这与总相关系数一致。其中在水位埋深 0 ~ 1 m 范围内饱和砂层埋深与液化的相关性最强，其他水位埋深范围内相关性与总相关系数基本相同。

（23）不同烈度下，标贯击数与液化均呈负相关状态，且在 0.01 水平上显著相关，与总相关系数保持一致。Ⅷ 度下标贯击数与液化的相关性略强于 Ⅸ 度下，但均与总相关系数大小相似。

（24）新西兰 Christchurch 地震中，水位埋深、饱和砂层埋深和标贯击数与液化呈正相关，PGA 与液化呈负相关，且标贯击数与液化的相关性最强，其次为饱和砂层埋深、水位埋深，最小为 PGA；相关系数大小上看，标贯击数相关系数约是水位埋深的 5.5 倍，约是饱和砂层埋深的 2.7 倍，约是 PGA 的 29 倍。

（25）新西兰 Christchurch 地震中，不同饱和砂层埋深范围内标贯击数与液化的相关性表现最强，PGA 与液化相关性最弱，而水位埋深和饱和砂层埋深与液化的相关性稍有波动，但饱和砂层埋深与液化的相关性多数大于水位。在各饱和砂层埋深范围内，各特征参数与液化相关的正负性同总相关系数基本一致。

（26）新西兰 Christchurch 地震中，不同水位埋深下影响液化的各特征参数与液化相关的正负性、强弱顺序以及显著性基本一致，表现为标贯击数与液化相关性最大，其次为饱和砂层埋深和水位埋深，最小为 PGA。

（27）新西兰 Christchurch 地震中，烈度 Ⅷ 度和 Ⅸ 度下，影响液化的各特征参数与液化相关性定性上与总相关系数一致，但 Ⅸ 度下的相关系数大小顺序和相关的显著性更接近于总相关系数。

（28）对比新西兰 Christchurch 地震液化相关性与国内外其他地震相关性可知，新西兰地震中各特征参数与液化的相关性与国内外其他地震相关性特征（正负性、大小和显著性）基本一致，只有 PGA 与液化相关性大小二者明显不同。

（29）新西兰 Christchurch 地震中 PGA 与液化相关性不显著，且相关系数较小，而国内外其他地震中 PGA 与液化显著相关，这与新西兰地震勘查点选取有关。从其 PGA 数据看，新西兰地震 PGA 数据主要集中在 Ⅸ 度区内，且大小相近，因此得到的相关性大小与国内外其他地震有很大差异。

第8章　结语和展望

动荷载作用下饱和土的液化问题，虽然已取得了丰硕的研究成果，但仍有许多问题尚未解决。本课题搜集国内外重要地震中液化基础数据，建立液化数据数库，提出宏观液化指数及宏观液化等级，探讨宏观液化影响因素与液化之间的量化关系，深化了宏观液化影响因素（如饱和砂土埋深、土层密实度、液化场地剪切波速等）与场地液化之间相关性的认识，并用于检验现有国家标准的可靠性，得到了一些新的认识，为液化判别及规范的修订提供了必要的依据。

在未来研究工作中，主要从以下几个方面着手。

（1）完善国内外地震液化及震害数据库构建，通过多种渠道搜集国内外地震液化基础资料及震害调查报告。

（2）要特别强调的是，我国液化资料总体较少，液化观测技术基本为空白，亟待发展。

（3）进一步深入研究场地液化特征参数与液化的相关性，对以往地震中液化场地进行宏观液化等级区划。

（4）深入研究液化场地特征参数与液化的关联性，为液化判别改进及抗液化技术的研究提供支持。

（5）根据现有研究成果，综合考虑液化宏观影响因素及其在场地液化势估计中的权重，研究场地宏观液化势的评价方法，建立地震场地宏观液化势预测函数或公式。

（6）基于可靠度和概率统计理论，探寻场地液化势分析方法，研究液化场地区划课题。

（7）选取我国局部地区可液化场地，进行液化势剖析，建立场地土动力学试验基地。

参 考 文 献

[1] 陈国兴.岩土地震工程学[M].北京:科学出版社,2007.

[2] 陈龙伟.土体弱化与地震动关联性理论及相互作用规律研究[D].哈尔滨:中国地震局工程力学研究所,2011.

[3] 曹振中.基于可靠性理论的砂土液化判别方法研究[D].哈尔滨:中国地震局工程力学研究所,2006.

[4] 曹振中.汶川地震液化特征及砂砾土液化预测方法研究[D].哈尔滨:中国地震局工程力学研究所,2010.

[5] 曹振中,袁晓铭,陈龙伟,等.汶川大地震液化宏观现象概述[J].岩土工程学报,2010,32(4):645-650.

[6] 曹振中,侯龙清,袁晓铭,等.汶川8.0级地震液化震害及特征[J].岩土力学,2010,31(11):3549-3555.

[7] 曹振中,徐学燕,YOUD T L,等.汶川8.0级地震板桥学校液化震害剖析[J].岩土工程学报,2011,33(S1):324-329.

[8] 常亚屏.高土石坝抗震关键技术研究[J].水力发电,1998,(3):36-40.

[9] 全国地震标准化技术委员会.中国地震烈度表:GB/T 17742-2020[S].北京:中国标准出版社,2020.

[10] 陈国兴,李方明.基于径向基函数神经网络模型的砂土液化概率判别方法[J].岩土工程学报,2006,28(3):301-305.

[11] 陈国兴,胡庆兴,刘雪珠.关于砂土液化判别的若干意见[J].地震工程与工程震动,2002:141-151.

[12] 陈国兴,张克绪,谢君斐.以剪切波速为指标的液化判别方法及其适用性[J].哈尔滨建筑大学学报,1996,29(1):97-103.

[13] 陈国兴.液化判别的可靠性及液化危险性分析[D].哈尔滨:中国地震局工程力学研究所,1988.

[14] 陈青生,高广运,GREEN R A,等.砂土震陷分析中多维地震荷载等效循环周数计算[J].世界地震工程,2010,26(S1):6-12.

[15] 陈育民,沙小兵,林奔,等.饱和砂土液化前高孔压状态的流动特性试验研究[J].世界地震工程,2010(S1):267-272.

[16] 陈育民,刘汉龙,周云东.液化及液化后砂土的流动特性分析[J].岩土工程学报,2006,28(9):1139-1143.

[17] 邓康龄.四川盆地形成演化与油气勘探领域[J].天然气工业,1992,12(5):7-12.

[18] 董林.新疆巴楚－伽师地震液化初步研究[D].哈尔滨:中国地震局工程力学研究所,2010.

[19] 杜修力,路德春. 土动力学与岩土地震工程研究进展[J]. 岩土力学,2011(S2):
　　　10-20.

[20] 付海清,陈龙伟,李雨润,等. 人工激振下现场液化试验初步研究[J]. 世界地震工
　　　程,2010(S1):235-240.

[21]《工程地质手册》编辑委员会. 工程地质手册[M]. 3版. 北京:中国建筑工业出版
　　　社,1992.

[22] 吴爱祥,孙业志,黎剑华. 饱和散体振动液化的波动机理研究[J]. 岩石力学与工程
　　　学报,2002,21(4):558-562.

[23] 何银武. 论成都盆地的成生时代及其早期沉积物的一般特征[J]. 地质论评,1992,
　　　38(2):149-156.

[24] 洪小星,陈国兴,孙田,等. 砂砾石动力特性的室内试验研究进展[J]. 世界地震工
　　　程,2011,27(1):47-53.

[25] 侯龙清,徐红梅,曹振中,等. 汶川地震液化土层类型验证及土性分析[J]. 岩土力学,
　　　2011,32(4):1119-1124.

[26] 胡博,邓帅奇,高密度电法在复杂场地地基勘察中的应用[J]. 2008,32(3):
　　　218-220.

[27] 黄博,陈云敏,殷建华,等. 基于动三轴试验的现场液化判别剪切波速法[J]. 水利
　　　学报,2002(10):21-26.

[28] 荚颖,唐小微,栾茂田. 砂土液化变形的有限元—无网格耦合方法[J]. 岩土力学,
　　　2010,31(8):2643-2647.

[29] 李方明,陈国兴. 基于BP神经网络的饱和砂土液化判别方法[J]. 自然灾害学报,
　　　2005,14(2):108-114.

[30] 李海兵,王宗秀,付小方. 2008年5月12日汶川地震(Ms 8.0)地表破裂带的分布
　　　特征[J]. 中国地质,2008,35(5):803-813.

[31] 李兰,王兰民,石玉成. 黏粒含量对甘肃黄土抗液化性能的影响[J]. 世界地震工
　　　程,2007,23(4):102-106.

[32] 李思齐. 中外地震烈度标准对比研究[D]. 哈尔滨:中国地震局工程力学研究
　　　所,2010.

[33] 李兆焱. 基于巴楚地震调查的液化判别方法研究[D]. 哈尔滨:中国地震局工程力学
　　　研究所,2012.

[34] 李兆焱,袁晓铭,曹振中,等. 基于新疆巴楚地震调查的砂土液化判别新公式[J]. 岩
　　　土工程学报,2012,34(3):483-489.

[35] 李志强,袁一凡,李晓丽,等. 对汶川地震宏观震中和极震区的认识[J]. 地震地
　　　质,2008,30(3):768-777.

[36] 梁久亮. 工程场地高密度电法探测典型剖面的分析与探讨[J]. 西北地震学报,
　　　2008,30(2):189-192.

[37] 林世斌. 建筑物抗震性能研究[D]. 哈尔滨:中国地震局工程力学研究所,2010.

[38] 刘恢先. 唐山大地震震害[M]. 北京:地震出版社,1989.

[39] 刘惠珊，周根寿，李学宁，等．液化层的减震机理及对地面地震反应的影响[J]．冶金工业部建筑研究总院院刊,1994(2):19-22.

[40] 刘惠珊．1995年阪神大地震的液化特点[J]．工程抗震，2001,1:22-26.

[41] 刘惠珊，乔太平，王承春，等．场地的液化危害性分析[J]．地震工程与工程振动，1984,4(4):69-78.

[42] 刘汉龙，周云东，高玉峰．砂土地震液化后大变形特性试验研究[J]．岩土工程学报，2002,24(3):142-146.

[43] 刘汉龙．土动力学与土工抗震研究进展综述[J]．土木工程学报,2012,45(4):148-164.

[44] 刘兴诗．四川盆地的第四系[M]．成都：四川科学技术出版社,1983.

[45] 刘颖，谢君斐，张克绪，等．砂土震动液化[M]．北京：地震出版社,1984.

[46] 刘勇健．饱和砂土地震液化判别的可拓聚类预测方法[J]．岩土力学，2009,30(7):1939-1943.

[47] 马仲．钢管混凝土系杆拱桥的有限元抗震分析[D]．合肥：合肥工业大学,2009.

[48] 鲁晓兵，谈庆明，王淑云，等．饱和砂土液化研究新进展[J]．力学进展，2004,34(1):87-96.

[49] 邱毅．唐山地震液化场地再调查及数据分析[D]．哈尔滨：中国地震局工程力学研究所,2008.

[50] 沈珠江．关于土力学发展前景的设想[J]．岩土工程学报,1994,16(1):110-111.

[51] 沈珠江，徐志英．1976年7月28日唐山地震时密云水库白河主坝有效应力动力分析[J]．水利水运科学研究.1981(3):46-63.

[52] 石兆吉，陈国兴．自由场地深层液化可能性研究[J]．水利学报,1990(12):55-61.

[53] 石兆吉，郁寿松，丰万玲．土壤液化式的剪切波速判别方法[J]．岩土工程学报，1993,15(1):74-80.

[54] 石兆吉，郁寿松．液化对房屋震害影响的宏观分析[J]．工程抗震，1993(1):25-28.

[55] 石兆吉．液化地区房屋震害预测[J]．自然灾害学报，1992,1(2):80-93.

[56] 石兆吉．判别水平土层液化势的剪切波速法[J]．水文地质和工程地质,1986(4):9-11.

[57] 苏栋，李相崧．地震历史对砂土抗液化性能影响的试验研究[J]．岩土力学，2006,27(10):1815-1818.

[58] 孙锐．液化土层地震动和场地液化识别方法研究[D]．哈尔滨：中国地震局工程力学研究所,2006.

[59] 孙业志．振动场中散体的动力效应与分型特征研究[D]．长沙：中南大学,2002.

[60] 唐福辉．现有液化识别方法对比研究[D]．哈尔滨：中国地震局工程力学研究所,2011.

[61] 汪闻韶．土体液化与极限平衡和破坏的区别和关系[J]．岩土工程学报，2005,27(1):1-10

[62] 汪闻韶．土的动力强度和液化特性[M]．北京：中国电力出版社,1997.

[63] 汪闻韶. 土工地震减灾工程中的一个重要参量——剪切波速[J]. 水利学报，1994（3）：80-84.

[64] 汪闻韶. 土体液化与极限平衡和破坏的区别和关系[J]. 岩土工程学报，2005，27（1）：1-10.

[65] 汪明武，罗国煜. 可靠性分析在砂土液化势评价中的应用[J]. 岩土工程学报，2000，22（5）：29-31.

[66] 王刚. 砂土液化后大变形的物理机制与本构模型研究[D]. 北京：清华大学，2005.

[67] 王刚，张建民. 砂土液化后大变形的弹塑性循环本构模型[J]. 岩土工程学报，2007，29（1）：51-59.

[68] 王伟. 地震动的山体地震效应[D]. 哈尔滨：中国地震局工程力学研究所，2011.

[69] 王维铭，孙锐，曹振中，等. 国内外地震液化场地特征对比研究[J]. 岩土力学，2010，31（12）：3913-3927.

[70] 王维铭，袁晓铭，陈龙伟，等. 汶川地震绵阳地区液化特征[J]. 土木建筑与环境工程，2010，32（增2）：161-170.

[71] 王维铭，袁晓铭，孟上九，等. 汶川 M_s8.0 级大地震中成都地区液化特征研究[J]. 地震工程与工程振动，2011，31（4）：138-144.

[72] 王维铭，袁晓铭，陈龙伟，等. 汶川大地震中德阳地区液化特点分析[J]. 地震工程与工程振动，2011，31（2）：145-154.

[73] 王维铭. 汶川地震液化宏观现象及场地特征对比分析[D]. 哈尔滨：中国地震局工程力学研究所，2010.

[74] 陈龙伟，陈玉祥，袁晓铭. 基于强震数据的场地反应项分析及地震动参数预测[J]. 土木工程学报，2019，52（2）：97-117.

[75] 王士鹏. 高密度电法在水文地质和工程地质中的应用[J]. 水文地质工程地质，2000（1）：52-56.

[76] 王艳丽，王勇. 饱和砂土液化后强度与变形特性的试验研究[J]. 水利学报，2009，40（6）：667-672.

[77] 王晓华. 辽西风机砂土振动液化的试验研究[D]. 阜新：辽宁工程技术大学，2009.

[78] 向衍，马福恒，刘成栋. 土石坝工程安全预警系统关键技术[J]. 河海大学学报（自然科学版），2008，36（5）：635-639.

[79] 谢君斐. 关于修改抗震规范砂土液化判别式的几点意见[J]. 地震工程与工程振动，1984，4（2）：95-125.

[80] 肖琳. 砂土液化对公路路基的影响及其防治措施[J]. 辽宁交通科技，2003，2：16-18.

[81] 徐斌，孔宪京，邹德高，等. 饱和砂砾料液化后应力与变形特性试验研究[J]. 岩土工程学报，2007，29（1）：103-106.

[82] 徐斌. 饱和砂砾料液化及液化后特性试验研究[D]. 大连：大连理工大学，2007.

[83] 续新民，杨马陵，黄长林. 珠江三角洲城市群地震灾害和防御[J]. 灾害学，2006，21（4）：36-41.

[84] 杨成林. 瑞雷波勘探[M]. 北京：地质出版社，1993.

[85] 于海英，王栋，杨永强，等. 汶川 8.0 级地震强震动加速度记录的初步分析[J]. 地震工程与工程振动，2009，29(1)：1-13.

[86] 袁晓铭，曹振中，孙锐，等. 汶川 8.0 级地震液化特征初步研究[J]. 岩石力学与工程学报，2009，28(6)：1288-1296.

[87] 袁晓铭，曹振中. 汶川大地震液化的特点及带来的新问题[J]. 世界地震工程，2011，27(1)：1-8.

[88] 袁晓铭，孙锐. 我国规范液化分析方法的发展设想[J]. 岩土力学，2011(S2)：351-358.

[89] 袁一凡，田启文. 工程地震学[M]. 北京：地震出版社，2012.

[90] 袁一凡. 四川汶川 8.0 级地震损失评估[J]. 地震工程与工程振动，2008，28(5)：10-19.

[91] 张克绪，谢君斐. 土动力学[M]. 北京：地震出版社，1980.

[92] 中国科学院工程力学研究所. 海城地震震害[M]. 北京：地震出版社，1979.

[93] 周国强. 绵竹县 H－48－17－C 1/5 万区域地质图说明书[R]. 成都：四川地矿局化探队，1995.

[94] 张建毅. 地震作用下地下结构横向应变传递研究[D]. 哈尔滨：中国地震局工程力学研究所，2007.

[95] 张建民，王刚. 评价饱和砂土液化过程中小应变到大应变的本构模型[J]. 岩土工程学报，2004，26(4)：546-552.

[96] 张建民，王刚. 砂土液化后大变形的机理[J]. 岩土工程学报，2006，28(7)：835-840.

[97] 张建民，王富强. 考虑围压和密度的饱和砂土液化后单调加载本构方程[J]. 清华大学学报(自然科学版)，2008，48(12)：2044-2047.

[98] AMIMI F，QI G Z. Liquefaction testing of stratified silty sands[J]. Journal of Geotechnical and Geoenvironmental Engineering，2000，126(3)：208-217.

[99] ANDRUS R D，STOKOE K H. Liquefaction resistance of soils from shear-wave velocity[J]. Journal of Geotechnical and Geoenviromental Engineering，2000，126(11)：1015-1025.

[100] ASHFORD S A，ROLLINS K M. Blast-induced liquefaction for full-scale foundation testing［J］. Journal of Geotechnical and Geoenvironmental Engineering，2004，130(8)：798-806.

[101] BRADY R C. Development of a direct test method for dynamically assessing the liquefaction resistance of soils in situ[D]. Austin：The University of Texas at Austin，2006.

[102] BRADLEY B. Ground motion and seismicity aspects of the 4 September 2010 Darfield and 22 February 2011 Christchurch earthquakes［R］. Christchurch：Canterbury Earthquakes Royal Commission，2012.

[103] BRADLEY B. Strong motion characteristics observed in the 4 September 2010 Darfield, New Zealand earthquake [J]. Soil Dynamics and Earthquake Engineering, 2012, 42:32-46.

[104] BROWN L J, WEEBER J H. Geology of Christchurch urban area[M]. Lower Hutt, New Zealand: GNS Science, 1992.

[105] CAO Z Z, HOU L Q, XU H M, et al. The distribution and characteristics of gravelly soils liquefaction in the Wenchuan M_s8.0 earthquake[J]. Journal of Earthquake Engineering and Engineering Vibration, 2010, 9(2):167-175.

[106] CAO Z Z, HOU L Q, YUAN X M, et al. The characteristics of liquefaction-induced damage in Wenchuan M_s8.0 earthquake[J]. Journal of Harbin Institute of Technology, 2009, 16(S1):37-43.

[107] CHEN L W, YUAN X M, CAO Z Z, et al. Liquefaction macrophenomena in the great Wenchuan earthquake [J]. Earthquake Engineering and Engineering Vibration, 2009, 8(2): 219-229.

[108] KU C S, LEE D H, WU J H. Evaluation of soil liquefaction in the Chi-Chi Taiwan earthquake using CPT[J]. Soil Dynamics and Earthquake Engineering, 2004(24):659-673.

[109] CUBRINOVSKI M, BRADLEY B, WOTHERSPOON L, et al. Geotechnical aspects of the 22 February 2011 Christchurch earthquake[J]. Bulletin of the New Zealand Society for Earthquake Engineering, 2011, 44(4): 205-226.

[110] CUBRINOVSKI M, GREEN R A, WOTHERSPOON L, et al. Geotechnical reconnaissance of the 2011 Christchurch, New Zealand earthquake[R]. National Science Foundation-Sponsored Geotechnical Extreme Events Reconnaissance Team,2011.

[111] DELLOW G, YETTOM M, MASSEY C, et al. Landslides caused by the 2011 February 2011 Christchurch earthquake and management of landslide risk in the immediate aftermath[J]. Bulletin of the New Zealand Society for Earthquake Engineering, 2011, 44(4): 227-238.

[112] ELGAMAL A, YANG Z, PARRA E. Computational modeling of cyclic mobility and post-liquefaction site response [J]. Soil Dynamics and Earthquake Engineering, 2002, 22: 259-271.

[113] FINN W D L, BRANSBY P L, PICKERING D J. Effect of strain history on liquefaction of sand[J]. Journal of Soil Mechanics and Foundation Division,1970, 96:1917-1934.

[114] HATANAKA M, SUZUKI Y, KAWASAKI T, et al. Cyclic undrained shear properties of high quality undisturbed Tokyo gravel[J]. Soils and Foundations, 1988, 28(4):57-68.

[115] HOLZER T L, HANKS T C, YOUD T L. Dynamics of liquefaction during the

1987 Superstition Hills,California,Earthquake[J]. Science, 1989, 244:56-59.

[116] HOLZER T L, BENNETT M J, PONTI D J,et al. Liquefaction and soil failure during 1994 Northridge earthquake[J]. Journal of Geotechnical Engineering, 1999, 125(6):438-452.

[117] HWANG J H, YANG C W. Verification of critical cyclic strength curve by Taiwan Chi-Chi earthquake data[J]. Soil Dynamics and Earthquake Engineering, 2001, 21:237-257.

[118] IDRISS I M, BOULANGER R W. Semi-empirical procedures for evaluating liquefaction potential during earthquakes [J]. Soil Dynamics and Earthquake Engineering, 2006, 26:115-130.

[119] ISHIHARA K, SHIMIZU K, YAMADA Y. Pore water pressure measured in sand deposits during an earthquake[J]. Soils and Foundations, 1981, 2(4): 85-100.

[120] HWANG J H, YANG C W. Verification of critical cyclic strength cure by Taiwan Chi-Chi earthquake data[J]. Soil Dynamics and Earthquake Engineering, 2001, 21:237-257.

[121] JUANG C H, YUAN H, LEE D H,et al. Simplified cone penetration test-based method for evaluating liquefaction resistance of soils[J]. Journal of Geotechnical and Geoenvironmental Engineering, 2003, 129(1):66-80.

[122] KASIM A G, CHU M Y, JENSEN C N. Field correlation of cone and standard penetration tests [J]. Journal of Geotechnical Engineering, 1986, 112 (3): 368-372.

[123] KURUP P U, VOYIADJIS G Z, TUMAY M T. Calibration chamber studies of piezocone test in cohesive soils[J]. Journal of Geotechnical Engineering, 1994, 120(1): 81-107.

[124] LIN P S, CHANG C W, CHANG W J. Characterization of liquefaction resistance in gravelly soil: large hammer penetration test and shear wave velocity approach [J]. Soil Dynamics and Earthquake Engineering,2004 (24):675-687.

[125] LIU A H, STEWART J P, ABRAHAMASON N A, et al. Equivalent number of uniform stress cycles for soil liquefaction analysis[J]. Journal of Geotechnical and Geoenvironmental Engineering,2001, 127(12):1017-1026.

[126] LIVIO S. Repetitive liquefaction at a gravelly site and liquefaction in overconsolidated sands[J]. Soils and Foundations, 1996, 36(4):23-34.

[127] MASOOD T, MITCHELL J K. Estimation of in situ lateral stresses in soils by cone-penetration test[J]. Journal of Geotechnical Engineering, 1993, 119(10): 1624-1639.

[128] MOTAMED R, TOWHATA I. Shaking table model tests on pile groups behind quay walls subjected to lateral spreeding[J]. Journal of Geotechnical and Geoen-

vironment Engineering，2010，136：477-489.

[129] MOSS R E S, COLLINS B D, WHANG D H. Retesting of liquefaction/ nonliquefaction case histories in the Imperial Valley[J]. Earthquake Spectra, 2005, 21(1):179-196.

[130] MUNENORI H, AKIHIKO U, HIROSHI O O. Correlation between the liquefaction strengths of saturated sands obtained by in-situ freezing method and rotary-type triple tube method[J]. Soils and Foundations, 1995, 35(2):67-75.

[131] MUNENORI H, AKIHIKO U, JUNRYO O. Liquefaction characteristics of a gravelly fill liquefied during the 1995 Hyogo-Ken Nanbu Earthquake[J]. Soils and Foundations, 1997, 37(3):107-115.

[132] NAGASE H, ISHIHARA K. Liquefaction-induced compaction and settlement of sand during earthquake[J]. Soils and Foundations, 1988, 28(1):65-76.

[133] NISHIMURA S, TOWHATA I, HONDA T. Laboratory shear tests on viscous nature of liquefied sand[J]. Soils and Foundations, 2002, 42(4): 89-98.

[134] ONOUE A, MORI N, TAKANO J. In-situ experiment and analysis on well resistance of gravel drains[J]. Soils and Foundations, 1987, 27(2):42-60.

[135] PAOLUCCI R, CHEN L W, GUIDOTTI R, et al. Evaluation of seismic ground motion variability at soft sites by 3D — 1D propagation models, including Christchurch and selected sites in the Po plain [R]. Milan, Italy:Research and Development Programme on Seismic Ground Motion,2012.

[136] RATHJE E M, CHANG W J, STOKOE K H. Development of an in situ dynamic liquefaction test[J]. ASTM Geotechnical Testing Journal, 2005, 28(1):50-60.

[137] ROBERTSON P K, CAMPANELLA R G, WIGHTMAN A. SPT — CPT correlations[J]. Journal of Geotechnical Engineering, 1983, 109(11):1449-1459.

[138] ROLANDO P O. Assessment of liquefaction potential based on peak ground motion parameters[J]. Soil Dynamics and Earthquake Engineering, 2005, 25:225-240.

[139] SASAKI Y, TOWHATA I, TOKIDA K I, et al. Mechanism of permanent displacement of ground caused by seismic liquefaction[J]. Soils and Foundations, 1992, 32(3): 79-96.

[140] SEED H B. Soil liquefaction and cyclic mobility evaluation for level ground during earthquake[J]. Journal of the Geotechnical Engineering Division, 1979, 105(GT2):201-255.

[141] SEED H B, TOKIMATSU K, HARDER L F. et al. The influence of SPT procedures in soil liquefaction resistance evaluation[J]. Journal of Geotechnical Engineering,1985, 111(12):1425-1445.

[142] SHAMOTO Y, ZHANG J M, GOTO S. Mechanism of large post-liquefaction

deformation in saturated sands[J]. Soils and Foundations, 1997, 37(2):71-80.

[143] SKEMPTON A K. Standard penetration test procedures and the effects in sands of overburden pressure, relative density, particle size, aging and overconsolidation[J]. Geotechnique, 1986, 36(3):425-447.

[144] STARK T D, OLSON S M. Liquefaction resistance using CPT and field case histories[J]. Journal of Geotechnical Engineering, 1995, 121(12):856-869.

[145] SUZUKI Y, TOTO S, HATANAKA M, et al. Correlation between strengths and penetration resistances for gravelly soils[J]. Soils and Foundations, 1993, 33 (1):92-101.

[146] TONKIN,TAYLAR L. Christchurch central city geological interpretative report (Version 1. 1)[R]. Christchurch, New Zealand:Christchurch City Council,2012.

[147] TOWHATA I, VARGAS-MONGE W, ORENSE R P, et al. Shaking table tests on subgrade reaction of pipe embeded in sandy liquefied subsoil [J]. Soil Dynamics and Earthquake Engineering, 1999, 18:347-361.

[148] WANG W M, CHEN L W, YUAN X M. Liquefaction macro-characteristics in Chengdu region in Wenchuan M_s8. 0 earthquake [J]. Advanced Materials Research, 2012, 446: 1893-1896.

[149] WANG W M, CHEN Z S, YUAN X M, et al, Comparative analysis on liquefaction macro-characteristics of the three major regions in Wenchuan earthquake[J]. Applied Mechanics and Materials,2012,238:856-859.

[150] WANG W M, WANG Y L, SUN R. Liquefaction survey and case analysis in Wenchuan earthquake[J]. Applied Mechanics and Materials, 2013, 256-259: 2011-2014.

[151] WANG W M, CAO Z Z, CHEN L W, et al. Liquefaction features in Mianyang region in Wenchuan earthquake[J]. Applied Mechanics and Materials, 2011, 90-93:365-371.

[152] WHITMAN R V. Evaluating calculated risk in geotechnical engineering [J]. Journal of Geotechnical Engineering, 1984, 110(2):145-188.

[153] YEIAN M K, GHAHRAMAN V G, HARUTIUNYAN R N. Liquefaction and embankment failure case histories, 1988 Armenia Earthquake[J]. Journal of Geotechnical Engineering, 1994, 120(3):581-596.

[154] YUAN D, SATO T. A practical method for large strain liquefaction analysis of saturated soils [J]. Soil Dynamics and Earthquake Engineering, 2004, 24: 251-260.

[155] YUAN X M, CAO Z Z. A fundamental procesure and calculation formula for e-valuating gravel liquefaction [J]. Earthquake Egnineering and Engineering Vibration, 2011, 10(3):339-347.

[156] YOUD T L, IDRISS I M. Liquefaction resistance of soils:summary report from

the 1996 NCEER and 1998 NCEER/NSF workshops on evaluation of liquefaction resistance of soils[J]. Journal of Geotechnical and Geoenvironment Engineering, 2001, 127(4): 297-313.

[157] YOUD T L, BENNETT M J. Liquefaction sites, Imperial Valley, California[J]. Journal of Geotechnical Engineering, 1983, 109(3): 440-457.

[158] YOUD T L, IDRISS I M. Proceedings of the NCEER workshop on evaluation of liquefaction resistance of soils[R]. Buffalo, NY: NCEER Technical, 1997.

[159] YOUD T L, STEIDEL J H, NIGBOR R L. Lessons learned and need for instrumented liquefaction sites[J]. Soil Dynamics and Earthquake Engineering, 2004, 24(9): 639-646.

[160] YU H S, MITCHELL J K. Analysis of cone resistance: review of methods[J]. Journal of Geotechnical and Geoenvironmental Engineering, 1998, 124(2): 140-149.

[161] ZEGHAL M, ELGAMAL A W. Analysis of site liquefaction using earthquake records[J]. Journal of the Geotechnical Engineering Division, 1994, 120(6): 996-1017.

[162] CHEN L W, YUAN X M, CAO Z Z, et al. Characteristics and triggering conditions for naturally deposited gravelly soils that liquefied following the 2008 Wenchuan Mw7. 9 earthquake, China[J]. Earthquake Spectra, 2018, 34(3): 1091-1111.